理科の授業で
大学入試問題を
解きほぐす

すべての答えは
小学校理科にある

＜電気・磁気編＞

山下 芳樹 著

電気書院

はじめに（序にかえて）

本書は、電気や磁気の学習を通して、学びの楽しさを伝えようという「未来の先生」や、電気や磁気の「一番大切なところ」を伝えたいと日々格闘している「いまの先生」、そして電気や磁気という曲がりくねった小路に迷い込んでしまった「本当に知りたい」と望むすべての方々にお贈りするものです。「電気や磁気はこのように考えるのよ」と、お子さんにアドバイスしてあげたいと願うお母さん、お父さん。そのための大切な考え方が、本書にはちりばめられています。

大切なことは、繰り返し・繰り返し（電気・磁気の学習の特色を理解しよう）

本書の書名、特に副題にもなっている「理科の授業で大学入試問題を解きほぐす」に託した筆者の思いを明らかにしておきましょう。大学入試問題というと、小学校、そして中・高等学校と電気や磁気を学んできた高校３年生が、その仕上げとしてチャレンジする問題です。いわば大人が解く問題を小学生が解いてしまう、というショッキングな話です。本書をご覧の方の多くは次のように思われるのではないでしょうか。

「小学校で習う電気や磁石の話が、中学校や高校で学ぶ理科や物理と同じレベルなの？……そんなバカな！」

「そりゃ、大学入試問題だって、中には簡単なものもあるさ。その簡単な問題を小学生が解くということでしょう」

そして、ひょっとしたら小学校の先生だって

「小学校では簡単なことを学ぶんだ。中・高等学校ではもっと難しい内容を学習する。あの公式がいっぱい出てきて混乱する内容をね」

このような印象をお持ちかもしれません。でも本当にそうでしょうか。小学校で習う電気や磁気の内容と中・高等学校で学習する内容とは、まったく違ったものなのでしょうか。

そこで、まずこのことを確かめます。次ページの表をご覧下さい。これは、小学校から中学校、そして高等学校につながる電気・磁気の学びがどのように関連しているかを示したものです。同じことが繰り返し・繰り返し登場していることに気づきますね。もちろん、小学生と中・高校生とは年齢も理解のしかたも違いますから、たとえ同じ内容であっても、小学生には絵や写真をふんだんに使いながら「何々してみよう」という活動が中心ですし、中・高等学校の生徒には**大人の言葉で説明したり**、また**数式で簡潔にまとめたり**して物事を探究するというように、その学びのスタイルは違っています。しかし、内容そのものには違いはないのです。小学校での学びが中学校の基礎になり、そしてそれらが高等学校で学ぶ「科学としての電気・磁気」の確かな基盤となっています。

電気や磁気の学習では、同じことが形を変えながら繰り返し・繰り返し登場する。

これが、小学校や中・高等学校での電気や磁気の学習についての特色です。表から電気・磁気

の学びは大きく四つのグループに分けることができますが、本書の構成もこの四つのグループにしたがっています。

電気・磁気分野学習項目一覧表（小中高の流れ）　最新版（2018年度）

〈小学校〉	〈中学校〉	〈高等学校〉
3年（電気の通り道）	[電流（電子の流れ）]	[電流]
・電気を通すつなぎ方 ・電気を通す物	・静電気と電流（電子を含む）	・電流の正体（自由電子） ・帯電
・磁石につく物・異極と同極	・電子（粒子概念でも扱う）	・電流の大きさ 〔A〕=〔C〕/〔s〕
4年（電流の働き）	[回路（電流・電圧・抵抗）]	[電流]
・電流の向きとその大きさ ・乾電池の数とつなぎ方 ものづくり ・乾電池の直列・並列を使った装置など	・直列、並列回路の電流と電圧 ・電流・電圧と抵抗（規則性「オームの法則」の発見） ・回路全体の抵抗（直列・並列）	・電流と電気抵抗 ・オームの法則の運用 ・抵抗率（導体、半導体、不導体、温度による変化） ・直流回路（直列・並列）
	・電圧（オームの法則） ・抵抗の直列、並列接続	・抵抗率の立式
5年（電流がつくる磁力）	[電流と磁界]	[電流と磁界]
・鉄心の磁化、極の変化 ・電磁石の強さ ソレノイド ⇨	・電流がつくる磁界 ・磁界の中の電流が受ける力 ・電磁誘導と発電（交流を含む） 直線、円形、ソレノイド	・電流による磁界 ・電流が磁界から受ける力（モーターの仕組み） ・電磁誘導（発電機） ・交流と電磁波
ものづくり ・モーターやクレーンなど	・交流	・変圧器 ・電力輸送 ・直流と交流の関係（実効値）
6年（電気の利用）	[電流と磁界]	[電界と磁界]
・発電・蓄電（コンデンサー） ・電気の変換（光・音・熱） ・電気による発熱 ・電気の利用	・電気とそのエネルギー（電力量、熱量を含む） ・電流による熱、光	・電気とエネルギー（電力量、電力） ・ジュールの法則
ものづくり ・発光ダイオード		

電気と磁気の基礎・基本、それは小学校理科の豊かなイメージ

私たちが抱きがちな、もう一つのイメージ、すなわち「電気や磁気の分野は公式がいっぱい出てきて混乱する内容」についてみてみましょう。この疑問は、実は本書の締めくくりでもある第６章で登場する二人の人物（啓介と美佳）もまた感じたものです。100に近い公式や法則がひしめいている電気や磁気の世界を前にして、二人の漏らした言葉が印象的です。

啓介：個々ばらばらな現象に、それぞれ公式っていうか法則があるんだったら、何が基礎で、何が応用なのかもわからないよ。そもそも、そんなに多くの公式、将来理系に進まない僕にとって必要なんだろうか。
美佳：電磁気の、これぞ基礎基本ってあるのかしら……。

この「何が基本で何が応用かもわからない」、そして「理系に進まない私たちには関係ない」という啓介の嘆きは、そのまま私たちが抱いている（かつて抱いたことのある）電気と磁気についての印象ではないでしょうか。

美佳の期待でもある「電気・磁気のこれぞ基礎基本」を小学校の理科に求めようというのが、実は本書のねらいなのです。私たちにとって、最も親しみやすい小学校理科にこそ、その後の学びに影響を与える「豊かなイメージ」が潜んでいる。豊かなイメージという地図があるからこそ、険しいジャングルでも迷わずに進んでいけるのです。

電気や磁気の基礎基本は、小学校理科で持つ豊かなイメージ。

小学校で学んだことは、「ああ、あれね」と昨日の出来事のように思い出すことができます。小学校の理科は楽しいのです。では、ここでクイズです。

１円、５円、10円、50円、100円、500円があります。これらの硬貨のなかで、磁石につくものはどれでしょうか。また、電流が流れるものはどれでしょうか。

どうでしょう。

「確か１円玉はアルミニウムだから電気は流れるけど、磁石にはついたかな？」

「５円玉や10円玉は黄色や茶色だったから電気は流れないんじゃないかな」

「50円や100円、500円硬貨は光っているから電気は絶対に流れる。でも磁石には……？」

そんな声が聞こえてきそうです。

正解は「全部電気が流れる。全部磁石にはくっつかない」です。「そうなんだ、一度家でやってみよう」と試したくなるようなクイズですが、実は小学校３年生で学習するテーマなのです。

ここで大切なのは、電気が流れるかどうかを

「確か、光っていたものは金属だったから」「金属は電気が流れたから」

と見分ける術(すべ)をイメージできたからこそ、上のクイズが楽しめたということです。

楽しく学べるかどうかは、「ああ、あれね」という、考えるきっかけとなるイメージがあるか

どうかにかかっていると言ってもよいでしょう。

小学校で習う電気や磁気には、式は一つも出てきません。電気が通るかどうか、また磁石に反応するかどうかが、実験の様子をはじめ、磁石や乾電池、また導線やモーター、手回し発電機などの個々のイメージとともに画（映像）として思い浮かぶ。だからこそ、その画から次から次へと考えを導いてくれる道が拓けるのです。道をたどれば知りたいことに近づける、その出発点に小学校理科での学びがあるのです。

最後になりましたが、電気書院編集部の田中和子さんには著者の意向を汲んで様々なアイデアを出しては本書を読みやすいようにしていただきました。この場を借りて御礼申し上げます。

2018年３月

山下　芳樹

目　次

本書の特色（それは、解きほぐし）

本書では、まず物理の学習を終えた高校生を対象にした大学入試の問題を例題として取り上げています。大学入試問題、それは先生にとっては「ここまではわかっていて欲しい」という願い、高校生にとってはいわば学習のゴールを示すもので、そのままでは難しくて手が出ないという印象を受けます。

しかし、右図のように「**例題のねらい**（なぜ難しいと感じるのか）」を通して出題のねらいを明確にし、「**例題の解きほぐし**（小・中学生用問題）」では、例題で問われている内容について、

・大人の表現を子どもでもわかるような表現にする

・難しい用語はその意味やはたらきを示す

など工夫をします。これだけでずいぶん簡単になったように感じます。難しく感じた原因は、理科の中身そのものではなく、実はその表現にあったのです。「これなら小学生や中学生にだって解ける」、きっとそう思われるに違いありません。

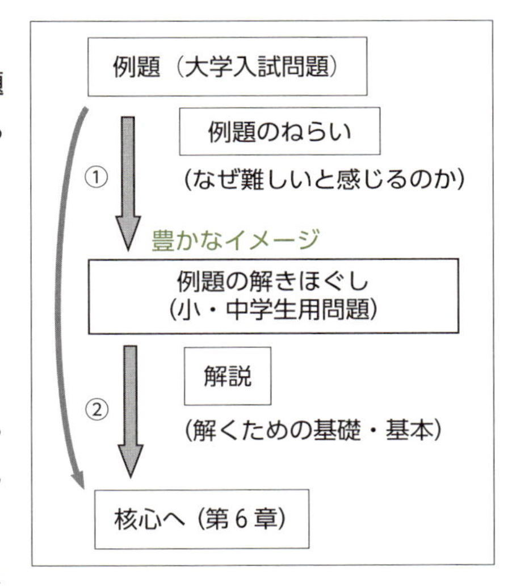

しかし、例題を解きほぐしても問題が簡単に解けるとは限りません。なぜでしょう。用語や表現を平易なものに改めても、解くための第一歩である「問われている理科の内容」そのもののイメージ（印象）がわかないからです。「何のことかわからない」、「何を使って解いたらよいかわからない」とは、このような状態をいうのです。

そこで、本書ではなぜ難しく感じるのかというその原因を明らかにし（→上図①）、そして法則や公式など暗記に頼らずとも、イメージやモデルを駆使すれば理科は難なく解けるのだ（→上図②）という二段階で「解ける楽しさ」や「わかる喜び」を実感できるようにしています。実例を通してみてみましょう。

実例　小学校理科が中・高等学校の基礎・基本

次の問題は、ともに手回し発電機に関するものですが、一つは大学入試問題、もう一つは高校の入試問題です。説明のしかたは高校入試の方が丁寧ですが、しかし、「高校生対象の大学入試問題と、中学生対象の高校入試問題とが同じ内容だ」と驚かれるのではないでしょうか。

大学入試問題

（2009年大学入試センター試験／物理Ⅰ〔本試験〕第１問・問２、一部改変）

手回し発電機は、ハンドルを回転させることによって起電力を発生させる装置である。

リード線

ハンドル

リード線にａ～ｃのような接続を行い、いずれの接続の場合でも同じ起電力を発生するように、同じ速さでハンドルを回転させた。ａ～ｃの接続について、ハンドルの手ごたえが軽い方から重い方に並べよ。

ａ：豆電球を接続　　ｂ：リード線どうしを接続

ｃ：不導体の棒を接続

解答例▶　ｃ、ａ、ｂ

高校入試問題

（2015年度筑波大学附属高等学校入試問題／理科大問６（１）、（２）、一部改変）

手回し発電機は、固定された磁石のつくる磁界中をコイルが回転することによって生じる誘導起電力を利用している。手回し発電機では直流電圧が発生し、逆向きに回転させると逆向きの電圧が発生する。次の（１）、（２）の問いに答えよ。

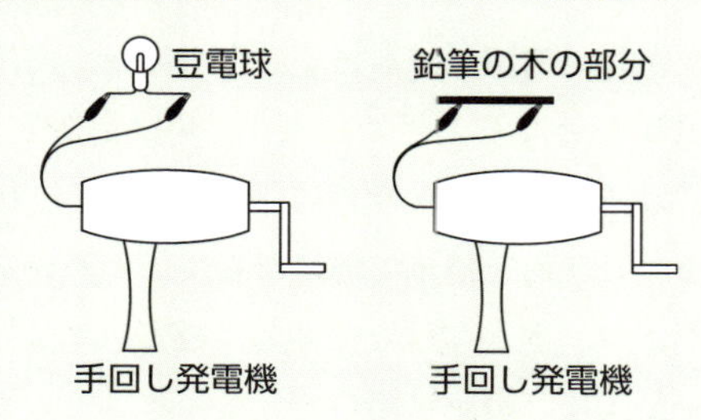

（１）手回し発電機に豆電球をつないで回したとき、豆電球が点灯し、一定の手ごたえを感じた。そこで、豆電球を鉛筆の木の部分に換えて、手回し発電機を回した。このときの記述として最も適切なものをア～エから一つ選べ。

ア．鉛筆の木の部分には電流が流れないので、豆電球よりも手ごたえは小さい。

イ．鉛筆の木の部分には電流が流れないので、豆電球よりも手ごたえは大きい。

ウ．鉛筆の木の部分には電流があまり流れないので、豆電球よりも手ごたえは小さい。

エ．鉛筆の木の部分には電流があまり流れないので、豆電球よりも手ごたえは大きい。

（２）手回し発電機に何もつながず、クリップどうしを直接つないだ（ショートさせた）。手回し発電機を回したときの記述として最も適切なものをア～エから一つ選べ。

ア．電流が流れないので、豆電球よりも手ごたえは小さい。

イ．電流が流れないので、豆電球よりも手ごたえは大きい。

ウ．電流が多く流れるので、豆電球よりも手ごたえは小さい。

エ．電流が多く流れるので、豆電球よりも手ごたえは大きい。

解答例▶　（１）ウ（２）エ

高校入試問題では、設問（1）で手回し発電機に豆電球と鉛筆の木の部分をそれぞれつないだ場合、また設問（2）では手回し発電機に豆電球をつないだ場合とショートさせた場合の比較を聞いています。大学入試では、設問（1）、（2）と分けずに、三つの場合を一度に聞いています。

分けて比較			一度に比較
高校入試問題 (例題の解きほぐし)	設問(1)	豆電球をつないだ場合 鉛筆の木の部分をつないだ場合	**大学入試問題** (例題)
	設問(2)	豆電球をつないだ場合 ショートさせた場合	

大学入試問題は一見難しくても、高校入試問題のように丁寧にいくつかのステップに分ければ考えやすくなります。大学入試問題をやさしく解きほぐすと、高校入試や中学入試の問題になるのですね。

高校入試問題の設問（1）の、豆電球＞鉛筆の木の部分、設問（2）の、ショート＞豆電球という二つの答えから、大学入試問題で求めている「手回し発電機を回す手ごたえ」として

大　←　ショート、豆電球、鉛筆の木の部分（不導体）　→　小

という答えが得られます。ですから、この二つの問題は理科の内容としては全く同じなのです。

では、小学生には解けるのでしょうか。手回し発電機は小学校理科でも登場しますから、日頃からリード線の間にモーターや鉛筆、また消しゴムなどをはさんでは、いろいろと試している小学生なら難なく解けることでしょう。逆に体験のない高校生にとっては難問だったに違いありません。「これなら知っている」という実感が大切で、「なぜ、ショートの手ごたえが一番大きいのか」の理屈は後から考えればよいのです。

法則や公式は使わなければ忘れます。しかし、小学生の頃の体験から得たイメージは簡単に忘れてしまうことはありません。さらにまた、幼い頃に抱いたイメージがあればこそ、その後に学習する「理屈の説明」にも敏感に反応できるのです。

数学の奇才マクスウェルが望んだもの、それはファラデーの心眼

「電磁気の、これぞ基礎基本ってあるのかしら」。これは美佳の言葉でした。この電気・磁気のいろいろな現象をたった四つの式でまとめた人物、それがマクスウェルです。この四つの式は、第６章で登場します。この数学の奇才マクスウェルが最も大切にしたもの、それは彼が尊敬してやまなかったファラデーの現象を見つめる目「心眼（しんがん）」だったのです。現象をしっかり見つめ、そして「ああ、これはあのイメージだ」というイメージをもとに解き明かしていける力。私たちも、しっかりとした「心眼」を持って電気・磁気の世界にチャレンジしたいものです。

第1章 電気の正体を探る

イメージ豊かな
電気の理解のために

01 摩擦による静電気を実感する（電気の学びの基礎・基本）

電気の基礎・基本である摩擦によって起こる静電気について考えてみましょう。まずは例題にチャレンジです。取り上げた例題は、目には見えない電気を可視化する装置、「箔検電器（はくけんでんき）」に関するもので、2009年度に大学入試問題として出されました。この問題を、たとえば小学校の5年生に課してみたらどうでしょう。「大学の入試問題を小学生に……？　できないに決まっている。もし、スラスラ解いてしまったら、大学入試問題としての意味がない」、これが多くの方々の声ではないでしょうか。

例題1　大学入試問題

（2009年度大学入試センター試験／物理Ⅰ〔本試験〕第2問・A問1）

図1のような装置は箔（はく）検電器と呼ばれ、箔の開き方から電荷の有無や帯電（たいでん）の程度を知ることができる。箔検電器を用いて行う静電気の実験について考えよう。

問　箔検電器の動作を説明する次の文章の（　　）に入れる記述として最も適当なものを下のa～cより選べ。

帯電していない箔検電器の金属板に正の帯電体を近づけると、（　　）ため自由電子が引き寄せられる。その結果、金属板は負に帯電する。一方、箔検電器内では（　　）ため帯電体から遠い箔の部分は自由電子が減少して正に帯電する。帯電した箔は、（　　）ため開く。

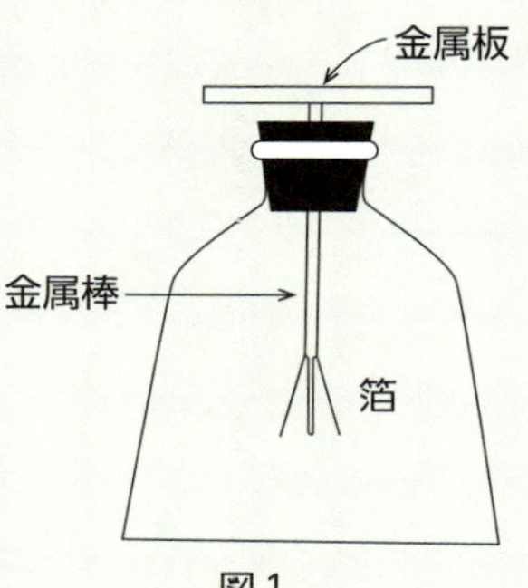

図1

a　同種の電荷は互いに反発し合う　　b　異種の電荷は互いに引き合う

c　電気量の総量は一定である

解答例▶　上からb、c、a

例題のねらい　なぜ難しいと感じるのか

では、まず「大学の入試問題が小学生には解けない」という理由を考えてみましょう。ここで問われているのは「箔検電器のはたらき」ですが、その際に必要な知識は

①静電気の種類とその性質

②静電気に関する物質の性質（導体や絶縁体（誘電体）の性質）

のたった二つです。理科好きの小学生なら、静電気や導体、絶縁体という用語についてはなんとなく知っていますが、しかし、だからといって例題が解けるわけではありません。

そこでまず、例題を小学生にでもわかる言葉で表現してみましょう。大学入試問題は高校3年生（18歳）が受けることから「大人の表現」が使われ、また同じ理科の内容をさすにしても、たとえば「電気をもったもの（電気を帯びたもの）」を「帯電体（たいでんたい）」、さらにこの帯電体が持っている電気を表すのに「電荷（でんか）」という用語が使われています。問題文で下線を引いたこれらの用語が問題をよけいに難しくしているのです。

たとえば、「箔検電器」の説明を「物体に電気があるかないかを調べるもので、電気をもった物体を、この装置の金属円板に近づけると下の金属のうすい板（はく）が開きます。このことで、物体が電気をもっているかどうかがわかります」としてみると、印象はかなり違ってくるのではないでしょうか。

次にあげるのは、大人の表現や難しい用語が使われた大学入試の問題を、小学生にでもわかるようにやさしく書き換えて少しアレンジを加えたもの、すなわち「例題1の解きほぐし」です。

小・中学生用問題

図2の装置は、物体に電気があるかないかを調べるもので、電気をもった物体をこの装置の金属円板にふれると、下の金属のうすい板（はくと言います）が開きます。このことで、物体が電気をもっているかどうかがわかります。たくさん電気をもっているとき、はくは大きく開き、少ないときはあまり開きません。この金属のはくの開き方で電気が多いか少ないかがわかるのです。

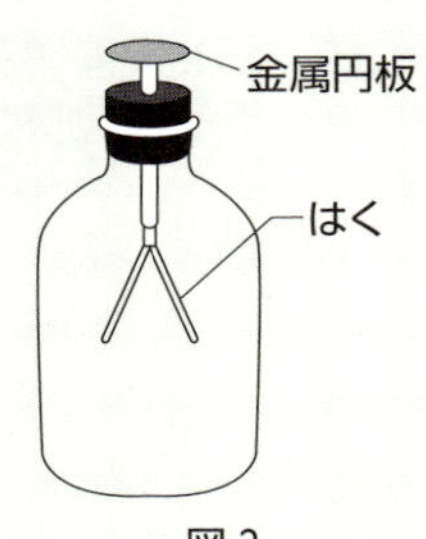

図2

いま、プラスの電気をもった物体を金属円板に近づけました。

すると、はくが開きました。なぜ開いたのでしょう。このとき、装置のはくのようすを表している図を次の①～④から選びなさい。またその説明として正しいものを⑤～⑧より選びなさい。ここで、＋はプラスの電気、－はマイナスの電気を表す記号です。

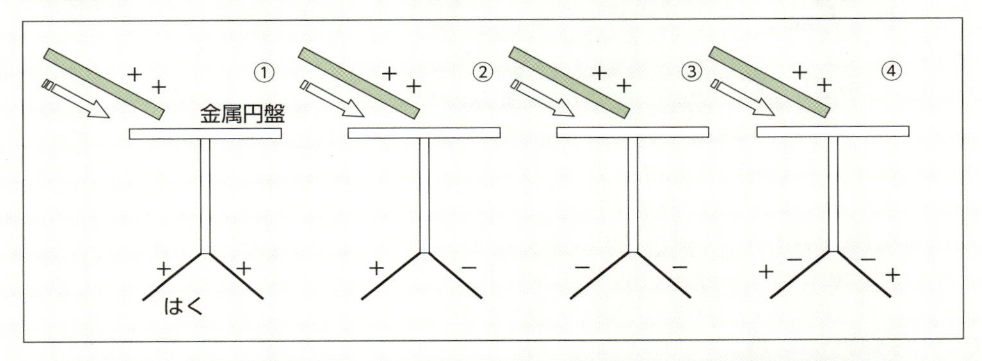

⑤物体からプラスの電気がはくに飛び移り、はくに移ったプラスどうしが反発した。

⑥物体のプラスにはくのマイナスが引きつけられ、残ったはくのプラスどうしが反発した。

⑦はくの電気がプラス、マイナスに分けられ、その電気どうしが反発した。

⑧物体のプラスにはくのプラスが引きつけられ、残ったはくのマイナスどうしが反発した。

解答例▶ ①、⑥

解説　解くための基礎・基本

いかがでしょう。ずいぶん解きやすくなったのではないでしょうか。

さて、例題１の解きほぐしには、ある仕掛けが潜んでいます。それは、はく検電器のはたらきをイメージできるように①～④の図を設け、これを手がかりに

・静電気の種類とその性質

・静電気に関する物質の性質（導体や絶縁体の性質）

という二つの「知識」を引きだそうとした点です。

実は、例題１では、このやさしく言い換えた「はく検電器のはたらき」、さらにはその図によるイメージを高校生が既に知っているものとして、なぜそのようなはたらきをするのかを二つの知識を総動員して、科学的に説明できることが求められているのです。

例題１で、「箔検電器」という用語や図を目にしたとき、もし手にとって実験したことがあれば、「ああ、あれね」という言葉とともに、はくが開いたときの感動が再びわき上がってくる。この体験に基づく鮮明なイメージによって、「箔検電器という用語」と「そのはたらき」が頭の中で結びつく。だからこそ、例題１の解きほぐしのようにやさしい言葉で言い換えられるのです。

小学校での学びを通して体得した豊かなイメージを数多く持っているほど、この「解きほぐし」作業がスムーズに行われます。難しい用語を目の当たりにしたときも、そのもののはたらきがいきいきと脳裏に浮かび、難問を解きほぐす原動力（言動力）になるのです。

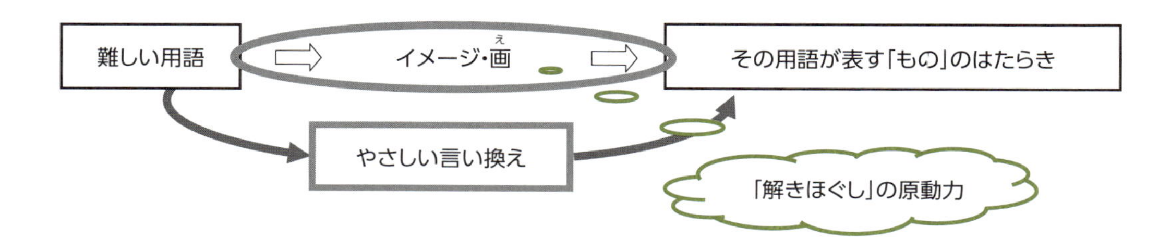

なお、はく検電器のはくが開く謎については、後で詳しく説明します（p11参照）。

【解くための基礎・基本】
中・高等学校レベル　はく検電器の科学的説明

静電気の有無、またその性質を調べる装置が「はく検電器」で、これは中学校や高校の実験で使われています。ですから、多くの生徒はものとしての「はく検電器なら知っている」わけですが、それでも問題が解けるとは限りません。はく検電器を本当に知っているとは、次のように、何をどうすればどうなるという動きを伴った説明ができるということです。

図３の装置は、電気があるかないかを調べるもので、電気をもった物体を、この装置の金属円板に近づけたり、また触れたりすると下の金属のうすい板（はく）が開く。

このことで、物体が電気をもっていたかどうかがわかる。たくさん電気をもっているとき、はくは大きく開き、少ないときはあまり開かない。この金属のはくの開き方で、物体が持っていた電気が多いか少ないかがわかる。

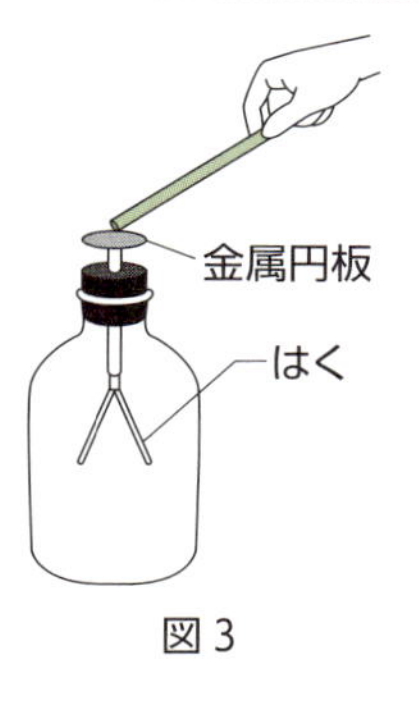

図３

【解くための基礎・基本】
小学校レベル
はく検電器に代わるもの

はく検電器については小学校では扱いません。ですから小学生にははく検電器に代わるもの（イメージの基礎となるもの）が必要です。それがストローによる実験器です（図４）。身近なストローを使った静電気の実験は、ものづくり教材としてストローの不思議な動きも手伝って、子どもたちにとっては興味深く記憶に残るものです。実験の要領は次の３点です。

①ストロー２本をウール（羊毛）でこすり（図４（a））、１本を回転台にのせる。もう１本を、回転台にセットしたストローに近づけると反発するように遠ざかる（同図（b））。

②ストローとガラス棒をウールでこすり、ストローを回転台にのせる。ガラス棒を回転台にセットしたストローに近づけると、ストローはガラス棒に吸いつけられるように近づく（同図（c））。

③ストローをウールでこすり、回転台にストローをのせ、手をストローに近づけると、ストローは吸いつけられるように手に近づく（同図（d））。

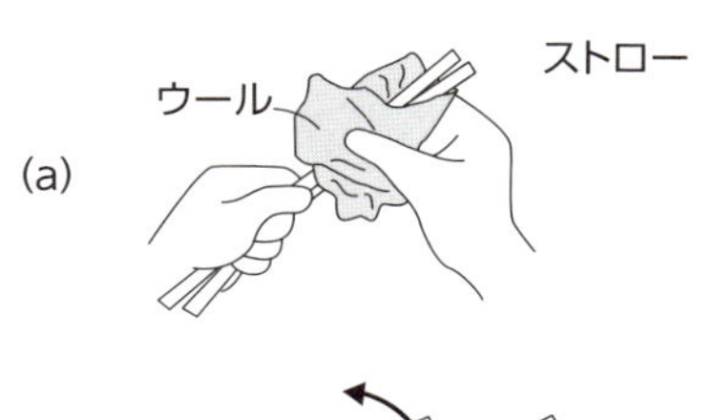

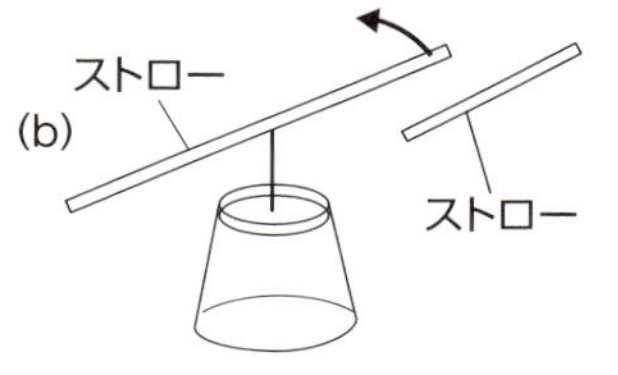

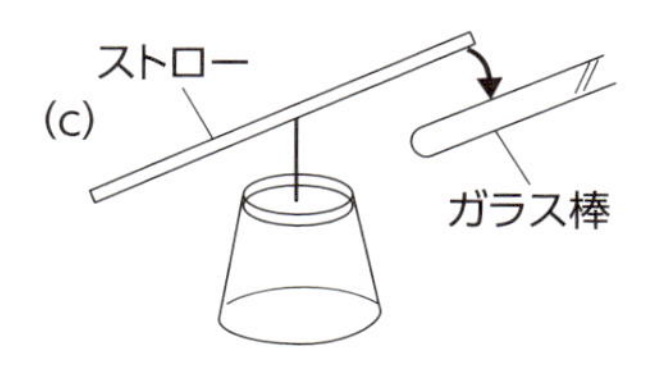

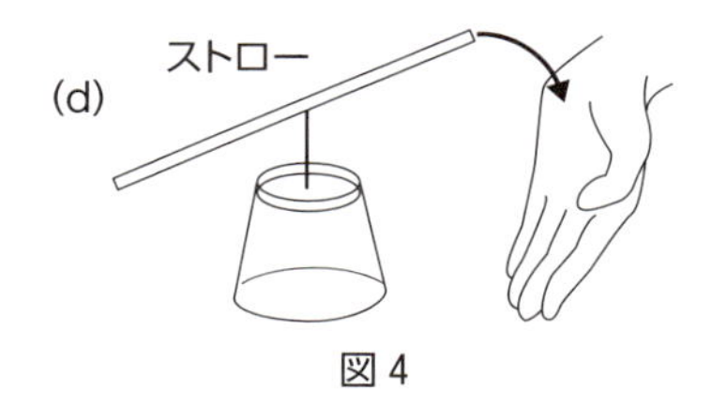

図４

「下敷きで髪の毛をこすると、髪の毛が下敷きに吸いつく」ことや「ウールのセーターを脱ぐとき、カッターシャツとセーターとの間でパチパチと音を出して火花が飛ぶ」などの体験があれば、このストローを使った実験はさらに印象深く心に残ることでしょう。髪の毛の不思議な動きなどは静電気のいたずらとしてよく知られたものです。

実験①～③に共通しているのは摩擦です。この摩擦によってストローやガラス棒に「静電気」が生まれ、力がはたらいたと考えるのです。

①2本のストローをウールでこすり、近づけると、ストローどうしに反発力がはたらき、互いに遠ざかる。
②ストローとガラス棒をウールでこすり、近づけると、両者には引力がはたらき、互いに近づく。
③ストローをウールでこすり、手を近づけると、ストローが手に近づく。
ここで静電気の性質を考えてみましょう。

○静電気にはプラスの電気、マイナスの電気の2種類がある。
○同種の電気どうしには反発力がはたらき、異種の電気どうしには引力がはたらく。

これらを用いれば、①、②の現象は、はたらく力に着目すれば

①2本のストローには同じ種類の静電気が生まれ、その結果、両者は互いに反発した。
②ガラス棒とストローには異なった種類の静電気が生まれ、その結果、両者は引き合った。

と説明できます。③については、後ほど詳しく説明することにします。

静電気の性質を考えることで、これらの現象を容易に理解し説明することができます。事実、そのようにストローやはく検電器のはくは動いているのです。まずは静電気の性質を使って、下敷きと髪の毛など身近な現象を説明することからはじめましょう。

反発力や引力を引き起こす原因となる「2種類の静電気」ですが、摩擦によってなぜ2種類の静電気が生まれるのかが納得できれば、上の科学的説明はさらに強く心に残ります。ストローだから、ガラスだからという個々の物質の性質から離れ、力を及ぼし合う静電気の性質として、これらストローの動きや、はく検電器のはくの動きなどをまとめて理解できることになるからです。

02 静電気を支配する電子（粒子モデルから考える）

いよいよ摩擦によって起こる静電気の正体に迫ります。静電気の正体、すなわち電子の振る舞いが、静電気の性質をはじめ、電気のさまざまな現象を理解するための有力な手がかりとなるのです。

例題2 大学入試問題

（2015年度大学入試センター試験／物理基礎〔本試験〕第1問・問1、改題）

次の文中の（　　）に適語を入れよ。

アクリル棒や塩化ビニル棒をティッシュペーパーでこすると、これらの棒に髪の毛や紙片が引きつけられることが知られている。この現象は（　　）によるものである。

二つの物質の摩擦によって（　　）が一方の物質から他方の物質に移動することによって正電気や負電気が生じる。（　　）を失った物質は（　　）となり、逆に得た物質は（　　）となる。異種の電気の間には（　　）、同種の電気の間には（　　）がはたらく。

解答例▶ 帯電（静電気）、自由電子、自由電子、プラス、マイナス、引力（引き合う力）、反発力（しりぞけ合う力）

例題のねらい　なぜ難しいと感じるのか

最初の空欄や、最後の二つの空欄は静電気の性質に関するものですから、既に第１節で解決済みです。難しいと感じるのは下線部分です。なぜ、アクリル棒や塩化ビニル棒をティッシュペーパーでこすると静電気を帯びるようになるのでしょう。すなわち、摩擦による静電気発生のメカニズムが第２節のテーマです。

さて、下線部分のポイントは以下の二つです。

①二つの物質をこすると、何かが一方から他方に移動する。

②その何かを失った方と得た方が、それぞれ静電気（正電気、負電気）を帯びる。

二つの物質の摩擦によって移動する「何か」が、実は「静電気の素（もと）（電気の素）」で、この電気の素が多くなっても、また不足しても、それぞれ静電気を帯びることになります。この「電気の素」については「電子」、それも自由に動くことのできる自由電子ということは小学生でも知っています。

電気の素は電子だけれども、この電子がアクリル棒や塩化ビニル棒とティッシュペーパーとの摩擦によってどう振る舞い、そしてこれらに静電気を帯びさせるのにどう関わっているのか、ここのところの納得ができていないからこそ難しいと感じる。用語だけは知っているが、そのはたらきがわからないのです。

そこで、アクリル棒とティッシュペーパーとの摩擦を具体例として、この電気の素のはたらきを強調させた「例題２の解きほぐし」について考えましょう。ここでも「例題１の解きほぐし」同様、図を用いてイメージに訴えるようにしています。

小・中学生用問題

次の文中の（　　）に適当な言葉を入れなさい。

アクリル棒をティッシュペーパーでこすると、電気の素（　　）がアクリル棒からティッシュペーパーに移動します。このとき電気の素がマイナスの電気を持っていれば、電気の素（　　）を失ったアクリル棒は（　　）の電気を帯び、逆に電気の素（　　）をもらったティッシュペーパーは（　　）の電気を帯びることになります。

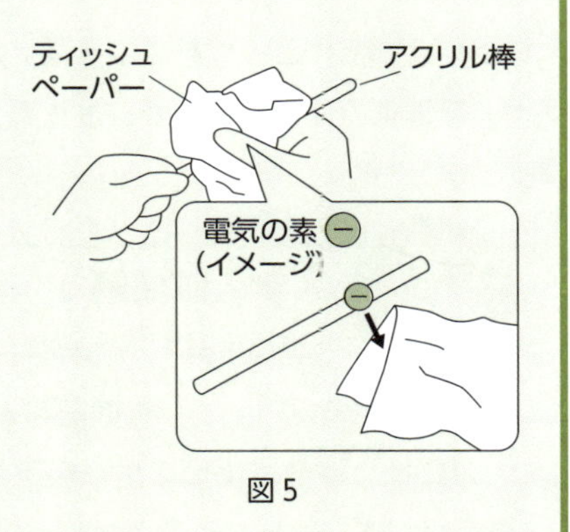

図5

解答例▶　自由電子、自由電子、プラス、自由電子、マイナス

解　説　解くための基礎・基本

アクリル棒をティッシュペーパーでこすったとき、アクリル棒から電気の素である電子がティッシュペーパーへ移動してアクリル棒はプラスに帯電し、逆に電子をもらったティッシュペーパーがマイナスに帯電します。この「電子の移動による物質の帯電」という電子のはたらきまで理解してこそ、電気の素は電子であると納得できるのです。まさに例題2の下線部分は、この電子のはたらきそのものを問うていたのです。

同じティッシュペーパーでこすっているのに、なぜアクリル棒はプラスに、また塩化ビニル棒はマイナスになるのでしょう。解くための基礎・基本では、この摩擦による静電気発生のメカニズムについて考えます。

【解くための基礎・基本】小学校レベル　帯電列

静電気には2種類あり、それを+（プラス）と−（マイナス）で区別します。この2種類の電気が出合えば電気の性質は消え、プラスでもマイナスでもない、いわば中性になりますので、この区別は理にかなっています。たとえば、ウール（羊毛）でストロー（素材はポリプロピレン）をこすると、ストローはマイナスの電気を帯び、ガラス棒をこすると、ガラス棒は逆にプラスの電気を帯びます。同じウールでこすっても、こすられる物質の素材によって、マイナスの電気、プラスの電気と帯びる電気の種類が異なってくるのです。

次の図6は、二つの物質をこすりあわせたとき、どちらがプラスに、またマイナスになりやすいかを示したものです。このような図を「帯電列（たいでんれつ）」とよんでいます。帯電とは、電気を帯びる（電気をもった状態になる）ということでしたね。

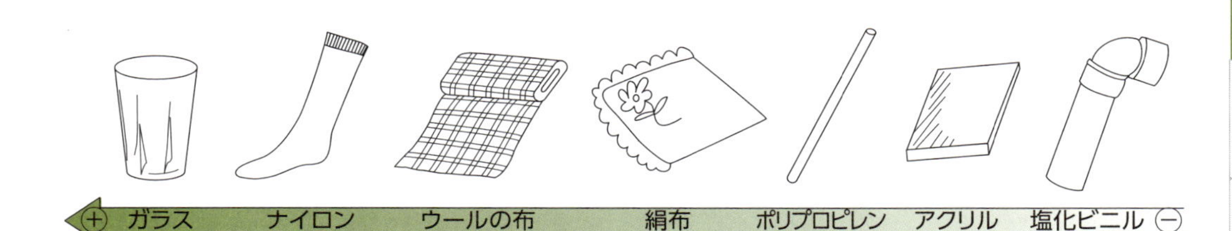

図6　帯電列の例

図6で表した帯電列をもう少し詳しく見てみましょう。左にいくほどプラスの電気を帯びやすく、逆に右にいくほどマイナスの電気を帯びやすいことを表しています。

（+）← 毛皮、ガラス、ナイロン、ウール、人間の皮膚、……ゴム、ポリプロピレン(ストロー)、アクリル、ポリエチレン（セロテープ)、塩化ビニル→（−）

この帯電列から、たとえば第1節で取り上げたストローの実験で使ったストロー、ガラス棒とウールについて、

ウールとストロー（素材はポリプロピレン）では（+）ウール、（−）**ストロー**
ウールとガラス棒は（+）**ガラス棒**、（−）ウール

となることが一目でわかります。非常に便利な図や表だといえます。

たとえば、下敷き（素材は塩化ビニル）で髪の毛をこすると、帯電列から髪の毛はプラスに、また下敷きはマイナスの電気を帯び、この異なった静電気の力によって髪の毛が下敷きに引っ張られるというしくみです。

【解くための基礎・基本】
中・高等学校レベル

帯電のメカニズムと電子のはたらき

このように、二つの物体をこすることでプラスやマイナスの電気を帯びやすい物質があることがわかりました。では、両者はいったい何が違うのでしょうか。また、物質をプラスやマイナスに帯電させる電気の「素(もと)」とは何なのでしょうか。そこで、次の**粒子モデル**を導入します。

> 物質を帯電させる電気の素は、マイナスの電気をもった電子という粒である。

このモデルを用いて、帯電のメカニズムを考えてみましょう（図7)。「二つの物体をこすると、摩擦によって分子や原子から電子がはがれ移動する。電子を離しやすい物質Aはプラスに帯電し、受け取りやすい物質Bはマイナスに帯電する」。帯電列とは、さまざまな物質を電子を離しやすい順に並べたものだったのです。

物質が摩擦によってプラスやマイナスの電気を帯びる帯電のしかたを、個々の物質の性質という漠然としたとらえ方ではなく、「電子を離しやすいかどうか」と考えることで一挙に解決できる。ここに、粒子モデルの強みがあるのです。

図8は、ガラス、ウール、そしてストローを、電子を離しやすい順に並べたものです。

この図から、次のことがわかります。

ウールとストローでは、ウールがプラス
……ウールの方が電子を離しやすい

ウールとガラスでは、ガラスがプラス
……ガラスの方が電子を離しやすい

このように、それぞれの帯電のしかたが「電子を離しやすいかどうか」で一気に説明できてしまうのです。

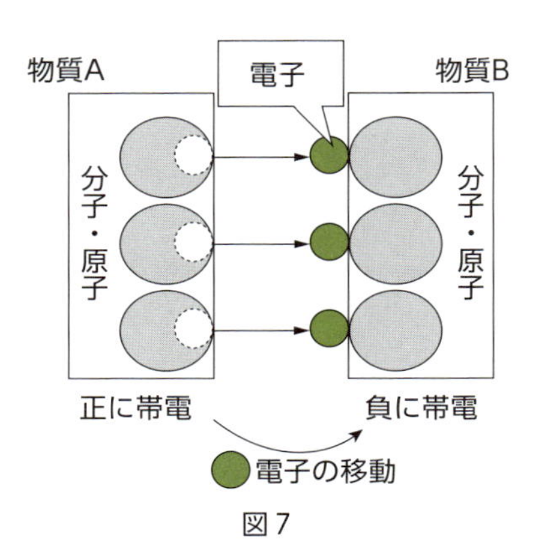

図7

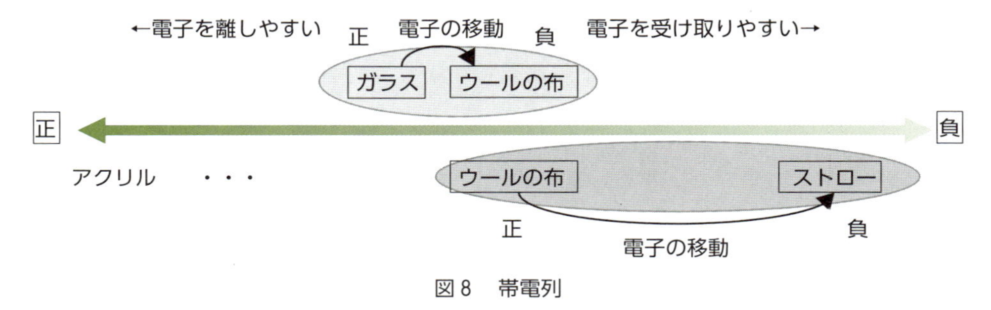

図8　帯電列

二つの物質の摩擦によって電子がその間を移動すると、プラスとマイナスのバランスが崩れて物質は電気を帯びます。「移動するのは電子だけで、プラスの電気（電子が飛び出た後の原子）は移動しない」。これもまた摩擦による静電気を考えるうえで大切です。マイナスの電気を持った電子が一方から他方に移動するからこそ、後に残った「電子をなくした」物質の原子や分子は、結果としてプラスに帯電するのです。

謎解き　はく検電器のはくは、なぜ開く？

　ではここで、粒子モデル（電子）を用いて、第1節で扱ったはく検電器のはく（金属のうすい板）の開く謎を解き明かしましょう。文章で理解しようとせず、図から電子の「動き」をイメージするのです。

①プラスの電気を持った棒を金属板に近づける前は、はくは余分な電気（電子）をもっていない。はくは閉じている。（**←プラスとマイナスの電気が打ち消し合っている**）

②プラスの電気を持った棒を金属板に近づけると、はくにあった電子がプラスに引き寄せられて金属板に移動する。（**←異なった種類の電気は引き合う**）

（**←マイナスの電子が移動し、「電子をなくした」物質はプラスに帯電する**）

③このとき、はくには電子が不足（→プラスに帯電）しており、反発力ではくが開く。

（**←同じ種類の電気は反発し合う**）

この①～③をイメージ化したものが次の図9です。図で理解しておきましょう。

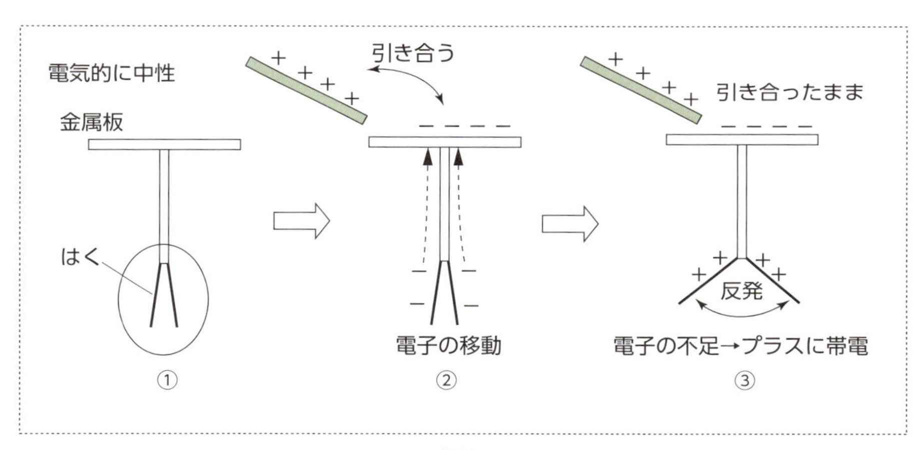

図9

　ここでもし、プラスの電気をもった棒を金属板から遠ざけたらどうなるでしょう。はくにあった電子を引っ張って金属板にとどめておいた棒のプラスの電気がなくなると、電子ははくのプラスに引かれ、もとあった場所に戻ります。その結果、はくは閉じることになります。

　また、プラスの電気をもった棒を金属板に触れてしまったらどうでしょう。このとき、金属板の電子は棒に乗り移り、はくに戻ることはできません。はくは電子が不足した状態のままですから、棒を金属板から遠ざけても、はくは閉じることはないのです。決してプラスの電気が移動するのではないことに注意しましょう。

03 物質と電子の振る舞い（静電誘導と誘電分極）

なぜストローは手に引かれるのかを考えよう

第１節のストロー実験では、ストローをウールでこすり、手を近づけるとストローは手の方に吸いつけられました。ストローはマイナスに帯電していましたから、手にはプラスの静電気がたまっていたのでしょうか。実は、手の代わりに木材片を近づけても、手の場合と同じことが起こるのです。なぜ、帯電していない木材片にストローが引きつけられるのか。この謎解きが大学入試問題として出題されています。この導入問題に答えることが第３節の目的です。

大学入試問題

（2011年度大学入試センター試験／物理Ｉ〔本試験〕第１問・問３）

次の文中の（　　　）に適語を入れよ。

ティッシュペーパーでこすると負に帯電するストローがある。図10のように、台に固定した針の上に、一様に負に帯電させたストローを水平に置き、水平面内で自由に回転できるようにする。ただし、台と針は絶縁体でできており、帯電していないものとする。帯電していない乾いた木材片を同図のようにストローの端Ａに近づけると、木材片内部の電荷の分布が変化し、ストローに近い側に（　　　）の電荷が現れる。その結果、静電気力によりストローの端Ａは（　　　）。

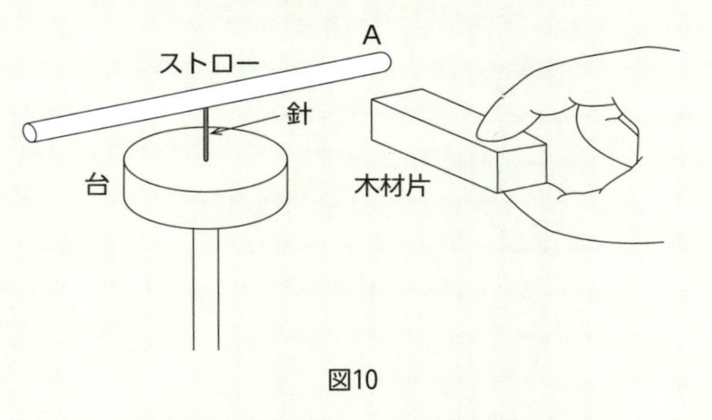

図10

解答例▶　正、木材片に近づく

解　説　問題のポイント

この問題は、手の代わりに木材片を近づけたものになっています。ストロー実験と同じで、「負に帯電したストローの端Ａが木材片に近づく」という結果は小学生にもわかります。しかし、問題文中の下線部分「木材片内部の電荷分布が変化し」についてはどうでしょう。

負に帯電したストローが木材片に近づくことから、木材片のストローに近い側は正に帯電していたことになりますが、なぜそのようになるかはわかりません。私たちは既に

「マイナスの電気とプラスの電気は引き合い、マイナスの電気どうしでは反発する」

という静電気の性質を知っていますから、このことを使って

「木材片にはプラスの電気がたまっていたからだ」

と答えたいのですが、問題文には「帯電していない木材片」とありますから、私たちの予想は成

り立ちません。もともと木材片には電気はたまっていなかったのです。

では、木材片は電気を帯びていなかったにもかかわらず、マイナスに帯電したストローに近づけただけで、木材片のストローに近い側に、どうしてプラスの電気が現れたのでしょうか。このプラスの電気は、いったいどこからきたのでしょう。

本節では、静電気の正体にもう一歩せまります。これまでみてきたように「電子」の振る舞いが、静電気の性質をはじめ電気のさまざまな現象を理解するための鍵となります。導入問題のポイントである「木材片内部の電荷分布の変化」については、本章の最後にその謎解きをします。

物質はどのように静電気を帯びるか～静電誘導(せいでんゆうどう)と誘電分極(ゆうでんぶんきょく)～

そこで、静電気の性質を知るうえで大切な「静電気に対する物質の性質」を取り上げることにします。キーワードは、次の例題にもありますが、静電誘導と誘電分極です。

例題3　大学入試問題
（2016年度大学入試センター試験／物理〔本試験〕第1問・問2）

次の文中の（　　）に適語を入れよ。

図11(a)のように、帯電していない不導体（絶縁体）に、正に帯電した棒を近づけると、誘電分極のため不導体と棒の間に（　　）がはたらく。

図11(b)のように、帯電していない導体A、Bを接触させ、正に帯電した棒を近づけると、静電誘導のため導体Bと棒の間には（　　）がはたらく。次に、図11(c)のように棒を近づけたまま、導体A、Bを周囲との電荷の出入りが無いようにして離した後、棒を取り除き、図11(d)のように導体A、Bも互いに十分遠ざける。このとき導体Aは（　　）。

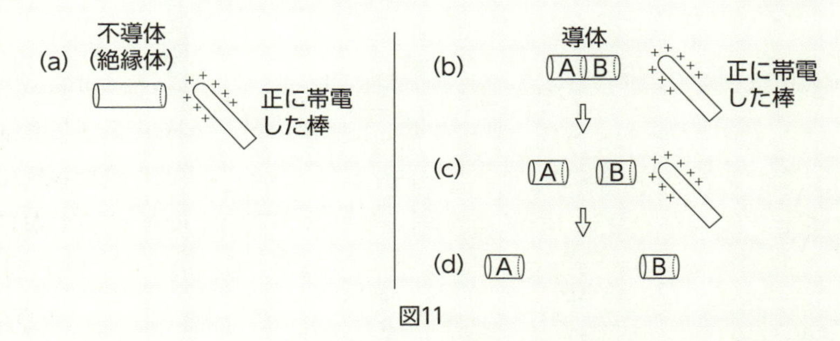

図11

解答例▶ 引力（引き合う力）、引力（引き合う力）、正に帯電している

考え方▶ 導体A、Bに正に帯電した棒を近づけると、導体A、Bにあった自由電子（後述）が棒に引き寄せられる。この状態で導体A、Bを切り離すと、導体Aは自由電子の不足した状態（すなわちプラス）になっている。

解説　解くための基礎・基本

はく検電器のはくやストローの不思議な動きについては、電気の素である「電子」に着目すれば科学的に説明できることがわかりました。しかし、ここで次の疑問が生まれます。それは、はく検電器は金属、ストローは非金属、片や金属は電気を通し、片や非金属は電気を通さない。電気に対するこの性質の違いは、帯電のしかたに何か影響を及ぼさないのでしょうか。また、ストロー実験でマイナスに帯電したストローに手を近づけたとき、なぜストローは手に吸いついたのでしょうか。

「静電誘導」や「誘電分極」は、この電気に対する物質の性質に関係した用語です。これらの用語自体からうける印象は「難しい」の一言かもしれません。しかし「電流の流れるもの（導体)」、「電流の流れないもの（絶縁体)」という小学校３年生で学ぶ具体的なイメージがあれば、これら難解な用語をも身近に感じさせてくれるのです。ここでも電気のにない手である「電子」が重要なはたらきをします。

【解くための基礎・基本】
小学校レベル
金属のはくとストローの違い

「静電誘導」と「誘電分極」の説明の前に「導体」と「絶縁体」について復習しておきましょう。ちなみに、導体や絶縁体は、「電気を通すもの、通さないもの」として小学校３年生で学習します。リード線の間にいろいろな物をはさんでは、豆電球がつく、つかないで、その物の電気の通りやすさを調べるという実験を行っています（図12)。

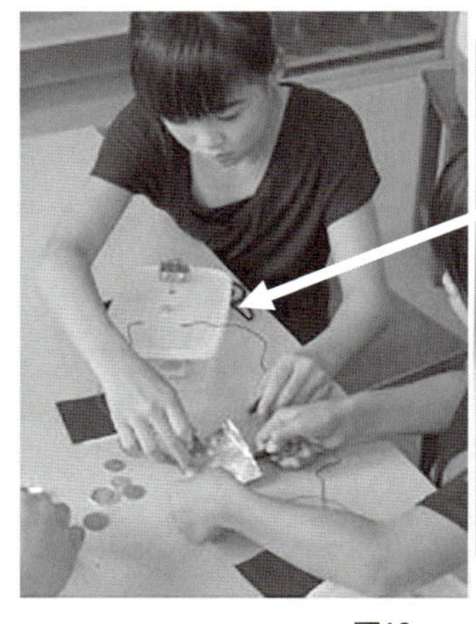
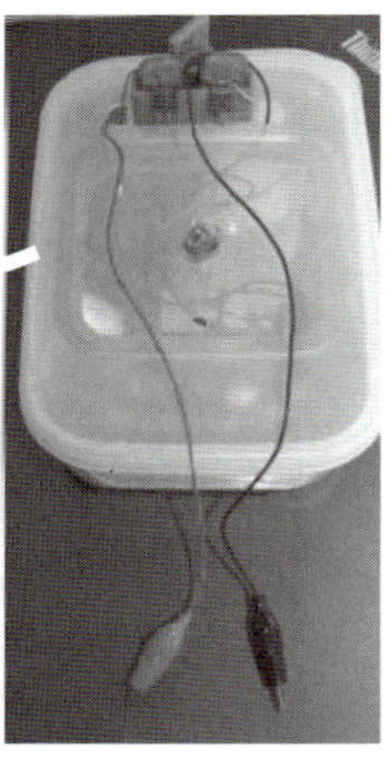

図12

では、電気を通す金属のはくと、電気を通さないストローはどこがどう違うのでしょうか。

金属のように電気をよく通す物質のことを「導体」といいます。電気の素はマイナスの電気をもった電子ですから、導体には、この「動ける電子」（**自由電子**（じゆうでんし））が多く存在しています。金属には、自由電子がたくさんあるのです。

逆に「絶縁体」とは、ストローのように電気を通さない、自由電子がほとんどない物質のことをいいます。

物質に含まれる自由電子の数が、導体と絶縁体とを分けていたのです。

【解くための基礎・基本】
中・高等学校レベル
中・高等学校レベル

●導体に起こる静電誘導

図13のように、はく検電器にプラスに帯電したガラス棒を近づけると、検電器の金属板の表面にはマイナスの電気が現れます。これは、うすい金属の板であるはくの中の自由電子が引きつけられたからです。その結果、ガラス棒（プラス）の近くには、異種の電気（マイナス）が、遠い

はくの側には同種の電気（プラス）が現れます。この現象を**静電誘導**（せいでんゆうどう）とよんでいます。まさに、はく検電器は静電誘導によって、はくが開いたのです。言葉は難しいですが、これはイメージしやすいですね。

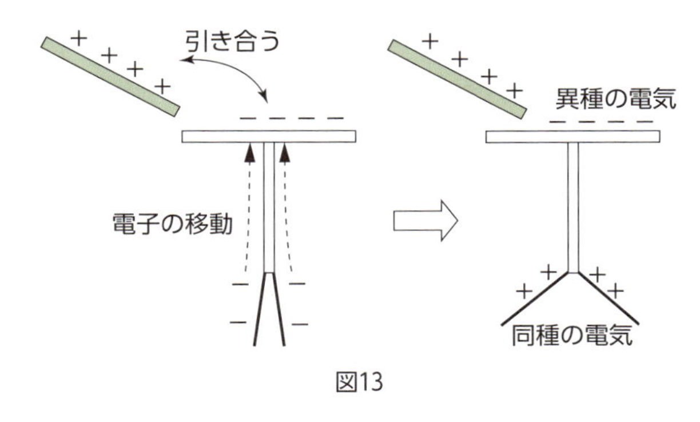

図13

図14のように、金属のような導体では、いったん帯電しても、大量の移動しやすい自由電子は摩擦した場所にとどまることなく、すぐに他の場所に逃げてしまいます。電流が流れたのです。結果としては、金属は帯電しないことになります。

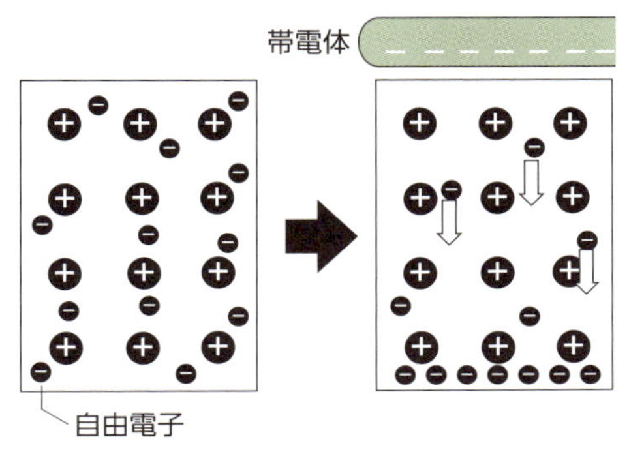

図14　静電誘導（導体、自由電子）

導体には自由に動ける自由電子が多数あり、この自由電子の移動が、実は電流の正体だったのです。「電流は、導体の中を流れる」、ですから理科の実験で使うリード線は銅線（金属線）でできているのです。

●絶縁体に起こる誘電分極

一方、絶縁体である発泡スチロールの小さな粒にプラスに帯電したガラス棒を近づけるだけで、発泡スチロールの球はガラス棒に吸いつけられるように移動します（図15）。これは発泡スチロールのガラス棒に近いところには異種の電気（マイナス）、また遠いところには同種の電気（プラス）が現れたからです。ここまでは、静電誘導と同じです。

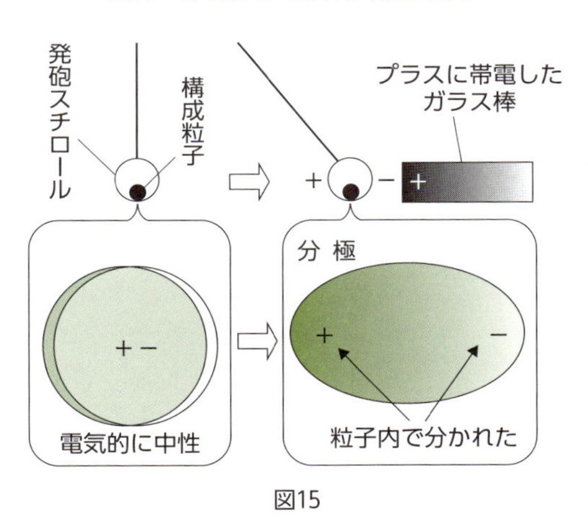

図15

発泡スチロールには、金属とは違い自由電子がほとんどないにも関わらず、なぜ静電誘導と同じ現象が起こったのでしょうか。それは、発泡スチロールを構成する粒子、つまり個々の原子（または分子）自体にプラス、マイナスの電気が現れたからです。これを**分極**（ぶんきょく）といいます。

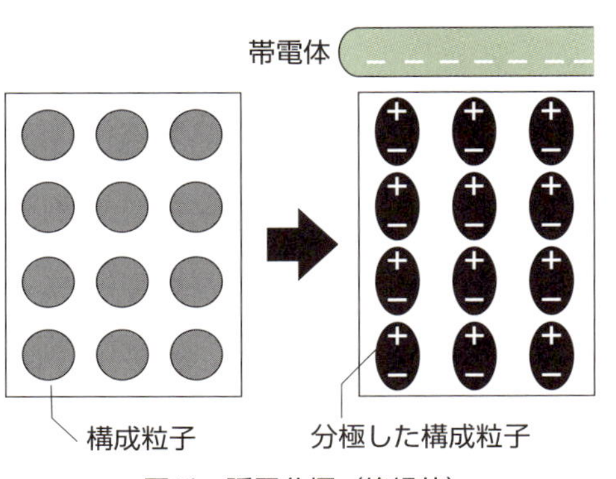

図16　誘電分極（絶縁体）

帯電体を近づけなければ、発泡スチロールの原子（または分子）は、その中にある多数の電子やプラスの電気をもった部分（これを原子核という）がうまい具合に重なり、お互い打ち消し合って電気的に中性になっています。しかし、プラスに帯電したガラス棒のように外部から電気を近づけると、原子自体にプラスとマイナスの偏りができてしまうのです。これが、**誘電分極**という現象です（図16）。

このように、静電誘導と誘電分極とは見かけは同じでも、そのメカニズムは全く異なっていることがわかります。ストローやガラス棒のような絶縁体には、金属とは異なり物質の中を自由に移動する電子はわずかしかなく、いったん電子がたまれば、それは他の場所に移動することはなくその場所にとどまります。

これがストローやガラス棒が帯電するメカニズムなのです。

静電誘導の活用

国家試験問題（2014年度第３種電気主任技術者試験／理論Ａ問題・問２）

次の文中の（　　）に適語を入れよ。

図17のように真空中において、負に帯電した帯電体Ａを、帯電していない絶縁された導体Ｂに近づけると、導体Ｂの帯電体Ａに近い側の表面ｃ付近に（　　）の電荷が現れ、それと反対側の表面ｄ付近に（　　）の電荷が現れる。

この現象を（　　）という。

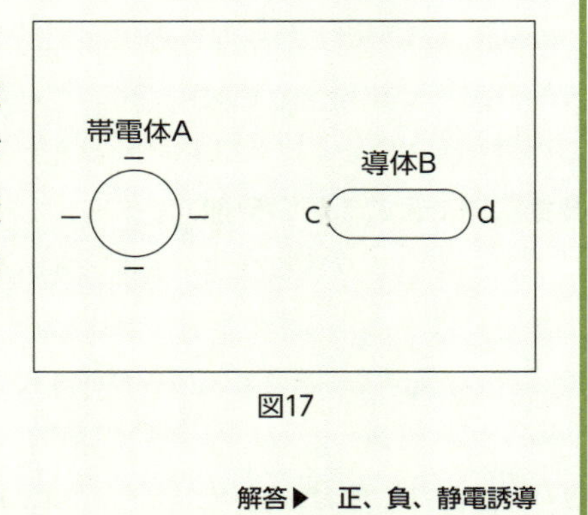

図17

解答▶　正、負、静電誘導

解　説　正解へのポイント

チャレンジ問題としては簡単かもしれませんね。マイナスの帯電体Ａを「導体Ｂ」に近づけるのですから、この現象は「静電誘導」です。導体には自由電子が多数ありますので、帯電体のマイナスに反発して、導体のｃ側には自由電子が不足してプラスが現れ、その反対のｄ側には自由電子が追いやられてマイナスを帯びています。

実はこの問題をチャレンジとして取り上げたのは、ここからです。以下を考えてみてください。

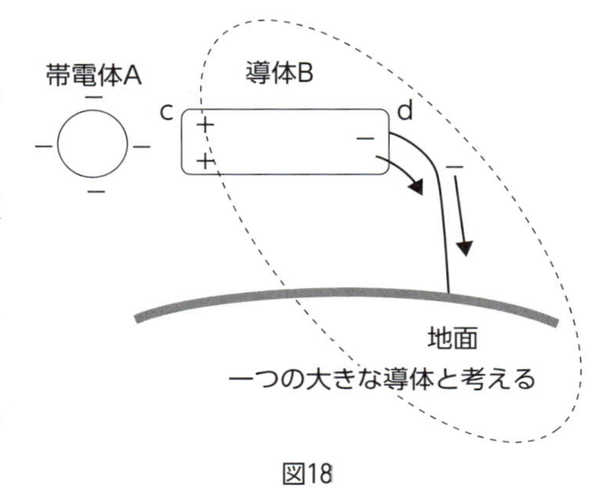

図18

ここで、もし、図18のように導体Bがアースされていればどうでしょうか。このとき、問題文中の三つの（　　　）の中で変わるとすればどれでしょうか。着目すべき点は、「アース」です。

アースとは、導体Bと地球がつながっているということです。

導体Bと地球とを一つの大きな導体と考えれば、それまでdに現れていた電荷（マイナス）は、帯電体Aの電荷（マイナス）から反発力を受けており、導線を通して地球に流れていくことになります。

高電圧を使う電化製品にはアースの線がついています。金属製のボディーに静電気がたまるのをアースによって防ごうというのですが、アースの原理は静電誘導にあったのです。

謎解き　導入問題……木材片には何が起こっていた？

いよいよ導入問題の謎解きです。木材片にはいったい何が起こっていたのでしょう。マイナスに帯電したストローに木材片を近づけたわけですが、まず考えなければならないことは

「木材片は絶縁体だ。だから誘電分極が起こっている」

ということです。もし、木材片ではなく金属ならば静電誘導です。この二つは違うのです。

誘電分極……。一度見たときには難解だった「木材片内部の電荷の分布が変化し」という文章の意味が、図19のようなイメージとともにいきいきと伝わってくるのではないでしょうか。

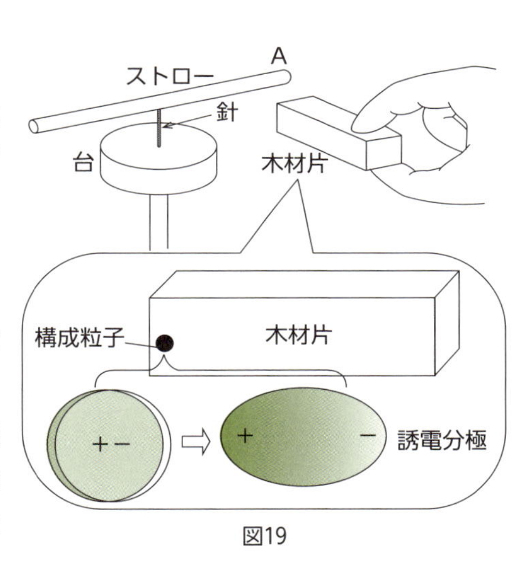

図19

第2章 電気回路

電圧へのアプローチ

01 電圧のイメージ（水流モデルから考える）

電気回路を身近に感じる水流モデル

電気回路を学ぶとき、オームの法則に代表されるように、電流や抵抗、そして電圧など電気の世界特有の「用語」が出てきます。このままでは難しくて、どこか遠くの世界の出来事のように感じられますね。しかし、電気回路をまるで私たちの住む世界、たとえば山の頂きから大海に注ぎ込む川の流れのように一枚の画（え）としてイメージでき、しかも、電流や抵抗、そして電圧をしっかりと水の流れに結びつけて考えられればどうでしょう。

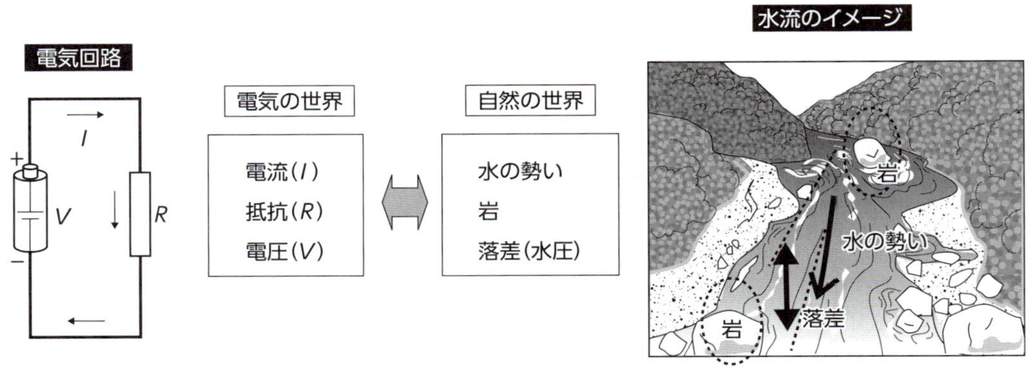

電気回路

I V R

電気の世界		自然の世界
電流（I）	⇔	水の勢い
抵抗（R）		岩
電圧（V）		落差（水圧）

水流のイメージ

岩　水の勢い　落差　岩

図1

「川を流れる水の勢いが電流だとすると、抵抗は川底に打たれた杭（くい）や岩のようなものか。だったら電圧は……」。このように、川の流れを通して電流や抵抗、そして電圧についてのより具体的なイメージがわき上がってきます。頭の中にこの**水流モデル**があることで、「$V = I \times R$」なんていうオームの法則（公式）も、意識せずとも、気がつけば自然と使いこなせてしまっているのです。

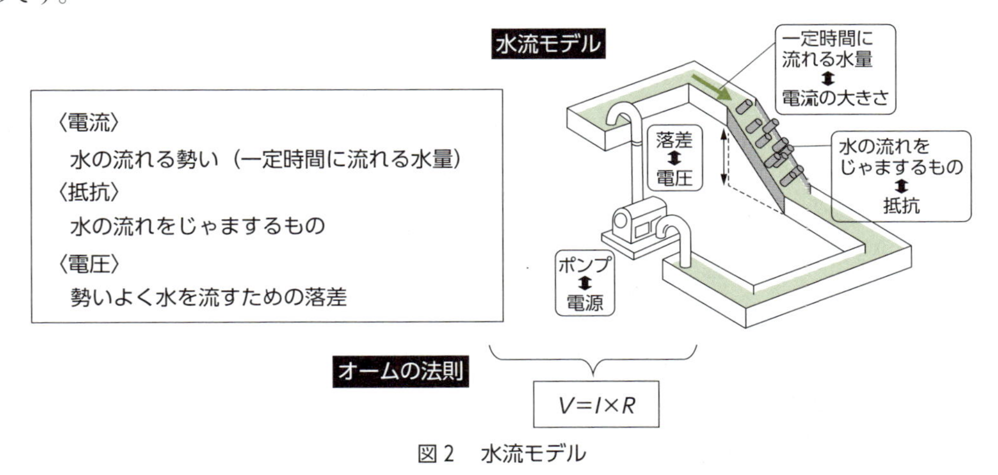

図2　水流モデル

「オームの法則ってあれでしょう」の「あれ」とは、実は言葉の前に心に浮かんでいる電気に対するイメージ（風景）を指していることが多いのです。さらに、川の流れというイメージの中にある個々のもの、それは水の流れる勢いであったり、また滝のような落差であったりするのですが、それらと電流や電圧、抵抗という用語が結びつけば、「落差が大きいほど水は勢いよく流れ（結果として多く流れ）、また川底に打たれた杭の数が多いほど、水の流れはゆるやかになる（結果としてわずかしか流れない）」ことがわかり、「電流は電圧に比例し、抵抗に反比例する」というオームの法則そのものが導けてしまいます。

小学校では習わない電圧をどう考えるか

ここまで、電気回路を考えるうえで大切な三つの要素、すなわち、電流、抵抗、そして電圧を水流モデルに結びつけて考えてきました。電流とは流れる水の勢い、抵抗とは流れる水の勢いを抑えるもの、そして電圧とは勢いよく水を流すための落差という関係です。

こんな簡単な関係にあるのですが、小学校理科で学習するのは電流と抵抗の二つだけで、電圧については扱わないのです。電圧という用語こそ学習しませんが、４年生では「乾電池の数とつなぎ方」として、乾電池というモノ（具体的事物）を通して、電圧についてのイメージをふくらませながら学習を進めています。電圧という用語や考え方が登場するのは中学校からですが、電気回路にとって、この電圧の理解は欠かせません。オームの法則や電気回路がすっきり分かるための秘訣が、豊かなイメージをともなった電圧の理解にあるといえます。

そこで、本章の最終ゴールである電圧の本質について、次の問いを出しておきましょう。この問いの答えは、本章の最後に示すことにします。

電圧とは、電気の「○○○○○の差」のことだ。

この五つの○の中にどんな言葉が入るか、以下、いくつかの例題を手がかりに探ってみることにします。

ところで、電気回路ですが、小学校や中学校、さらには高等学校でも頻繁（ひんぱん）に登場します。ですから電気といえば電気回路という印象が強いのではないでしょうか。電気回路なら得意だという読者のための実力チェック、次の質問に即座に答えられますか。

□ 電気回路で乾電池はどのようなはたらきをしていますか
□ 電圧や抵抗は水流モデルにたとえると何になりますか
□ 電圧の単位、ボルト〔V〕は他に言い換えると何になりますか
□ 電圧計、電流計を回路に正しくセットできますか

すべてクリアなら、自信をもって第２章をお読みください。一つでも「？」と感じた人も、第２章ですべて解決します。

電源とは電流をくみ上げるポンプ

第1章で扱った静電気は、いわば「動かない電気」でした。たとえば、はく検電器では、プラスに帯電した物体を金属板に近づけたとき、マイナスの電気を持った電子（自由電子）がこのプラスの電気に引かれて、「はく」から「金属板」に移動しました。電子の移動ですから、これも電流だと考えられますが、ほんの一瞬の出来事で電気はすぐに流れなくなります。

この一瞬の電気の移動に対して、常に流れ続ける電流（定常（ていじょう）電流）にするには、外から電気を補充する必要があります。この電気を補充する装置が電池や発電機などの**電源（でんげん）**です。水流モデルで考えると、下流に流れ落ちた水を、もう一度、上流へくみ上げるポンプ（またはモーター）が電源にあたり、このポンプによって水の量は常に一定に保たれているのです。それでは、この電源のイメージをもって次の例題にチャレンジしてみましょう。

例題1 **大学入試問題**

（2007年度大学入試センター試験・物理Ⅰ〔本試験〕第2問・A問1）

図3のように、抵抗値を連続的に変えられる抵抗（可変抵抗）に起電力 E の電池と電流計を直列につなぐ。可変抵抗の値を R_0 にすると、電流計を流れる電流の大きさは I_0 であった。ただし、電池内部の抵抗は無視できるものとする。

可変抵抗の値を R_0 から $2R_0$ まで変化させたときの電流の大きさの変化を表すグラフとして最も適当なものを、次の①〜⑥のうちから一つ選べ。

図3

①

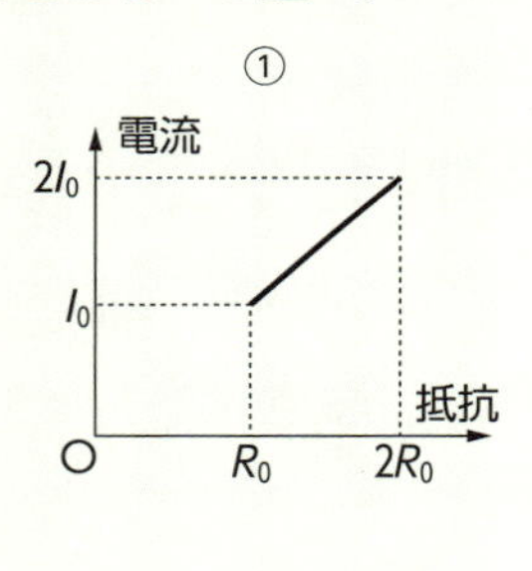

②

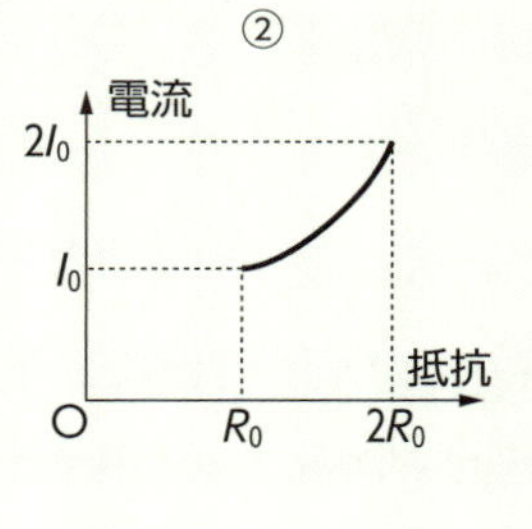

③

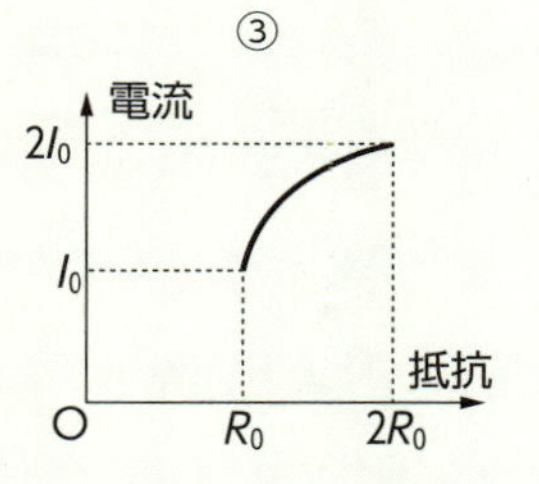

④

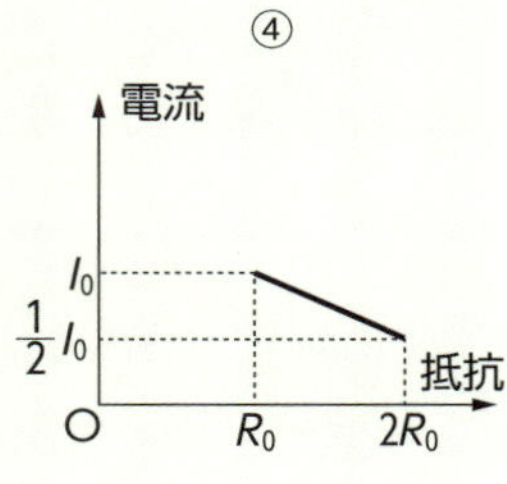

⑤

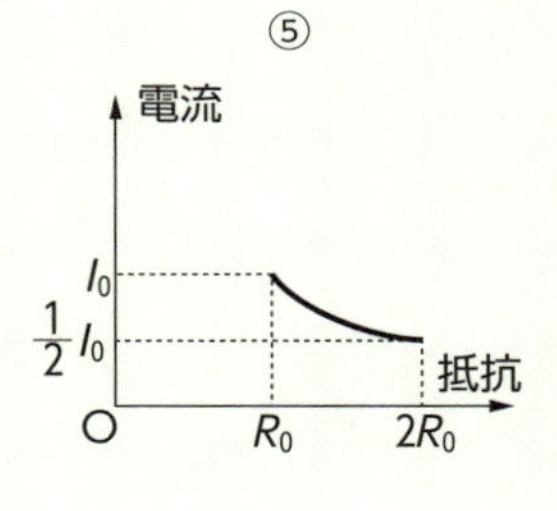

⑥

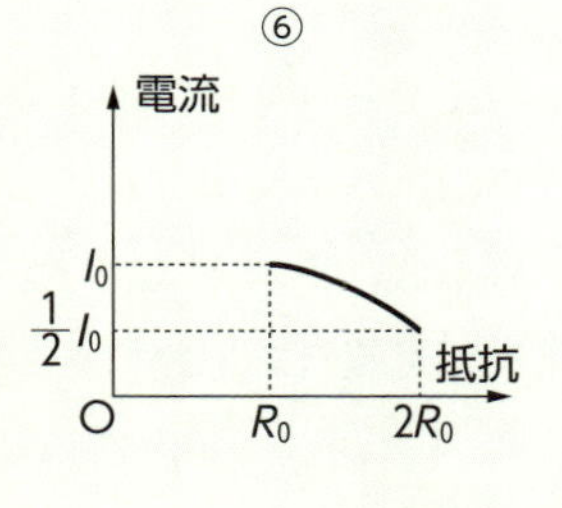

解答例▶ ⑤

例題のねらい　なぜ難しいと感じるのか

大学の入試問題だからでしょうか。問うているのは「抵抗を大きくして、電気を通りにくくすると、流れる電流はどうなりますか。結果をグラフで表してください」と単純なのに、文章の中に「可変抵抗」や「起電力」、「直列」や「電流計」、おまけに「電池内部の抵抗」というややこしい言葉も入っていて、もうそれだけで問題を難しくしてしまっています。さらには、記号EやR、I_0のため、何か別の世界の遠い出来事のようなむなしささえ感じます。

ですから、まずはこれら高校3年生に向けた言葉を小学生にでもわかるように言い直してみることから始めましょう。不必要なものは思い切って省略し大切な情報だけを残す、例題1の解きほぐしです。

小・中学生用問題

図4のように、電池や抵抗をつかって電流が流れる道筋をつくりました。この電流が流れる道筋を回路とよぶことにしましょう。また、電流計はその回路にどれくらい電流が勢いよく流れているかをはかるための道具です。

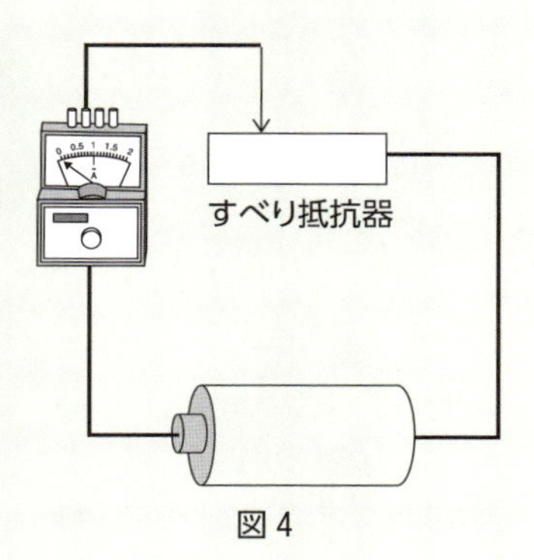

図4

いま、抵抗の大きさをだんだん大きくしていき、最初のときよりも2倍大きくしました。このとき、回路に流れる電流はどのようになりますか。次のア〜オから正しいものを選びなさい。また、そう考える理由について（　　）の中に適当な言葉を入れなさい。

ア　抵抗を2倍にしても、回路に流れる電流の量は変わらない。
イ　抵抗を2倍にすると、回路に流れる電流は多くなって2倍になる。
ウ　抵抗を2倍にすると、回路に流れる電流は少なくなって半分になる。
エ　抵抗を2倍にすると、回路に流れる電流は少なくなって0になる。
オ　抵抗を2倍にすると、回路に流れる電流は多くなって回路からはみ出してしまう。

【理由】抵抗は電気を通り（　　　）くするはたらきがあるから、抵抗を大きくすると、その分、電流は流れ（　　　）くなる。抵抗が2倍になると電流は2倍流れ（　　　）くなるので、回路に流れる電流はもとの（　　　）倍になる。

解答例▶　ウ、にく、にく、にく、2分の1

解　説　解くための基礎・基本

ずいぶん読みやすくなったのではないでしょうか。さて、解きほぐした例題ですが、ここでは出題のねらい（学習のポイント）である「抵抗のはたらき」や「抵抗と電流の関係」を

①抵抗は電気を流れにくくするというはたらきがある

②回路の抵抗を次第に大きくしていくと、それにつれて流れる電流は小さくなる

と説明し、出題のねらいと関係の深い二つの用語については次のように言い換えています。

・可変抵抗→　回路の抵抗を次第に大きくしていく

・電流計　→　回路にどれくらい電流が多く流れているかを測るための道具

これ以外の起電力や内部抵抗といった用語、E や R などの記号はすべて省略しました。省略しても問題の核心は変わらないのですね。

さらにまた、たとえば図5のような水流モデルを用いれば、抵抗と電流の関係をイメージしやすくなります。

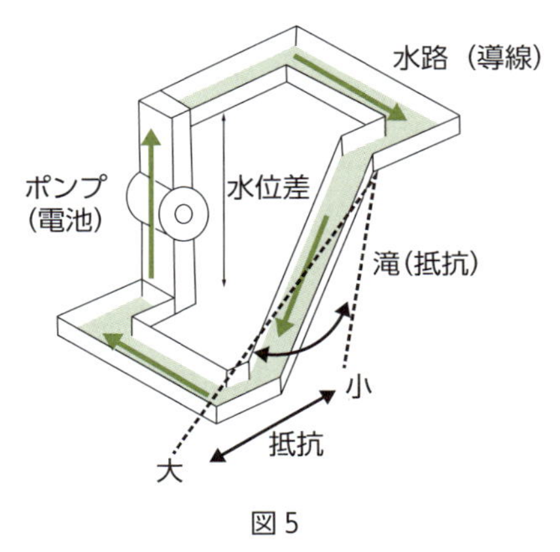

図5

抵抗 大　滝が長く、杭の数が多い ➡ 電流 小　水の流れはゆるやかになる（一定時間に流れる水の量は少ない）

抵抗 小　滝が短く、杭の数が少ない ➡ 電流 大　水の流れは急になる（一定時間に流れる水の量は多い）

川遊びや砂場での泥遊びに興じた経験があれば、きっとイメージしやすいことでしょう。まさに、「可変抵抗」とは、この滝の長さ（杭の数）を自由に変えられる道具のことだったのです。

ここでも、第1章で掲げた「解きほぐしの原動力（理解のための第一歩）」がきいています。

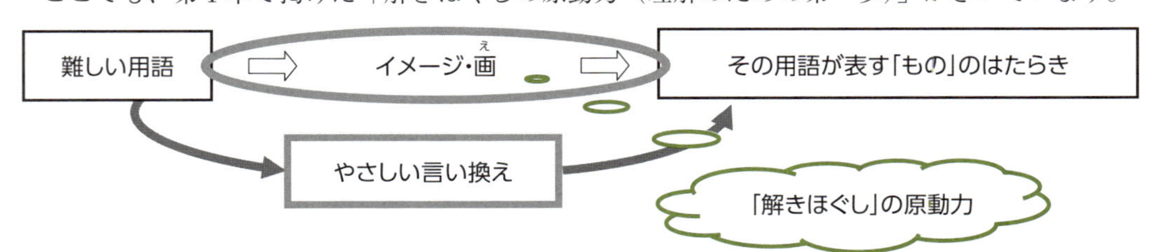

水流モデルを使って電流をより身近な水流に置き換え、イメージをふくらませながら、可変抵抗や内部抵抗という難解な用語を、そのはたらきを通して理解する。このように、「わけがわからない」とは難しい用語からくる印象であって、決して理科そのものではないのです。

【解くための基礎・基本】小・中学校レベル　抵抗と電流の規則

以下、電池の数が1個のときを考えましょう。このとき、水流モデルを用いれば、抵抗と回路を流れる電流の関係は「滝の長さが長く、杭の数が多いほど、流れはゆっくりになり、結果として一定時間の水量は減少する」となります。図6はそのことを表しています。

１ｍに５本の杭が打たれているとすると、２ｍの滝では10本の杭が流れをじゃますることになります。このように、長い滝ほど、流れをじゃまする杭の数が多くなり、より大きな抵抗になると考えるのです。

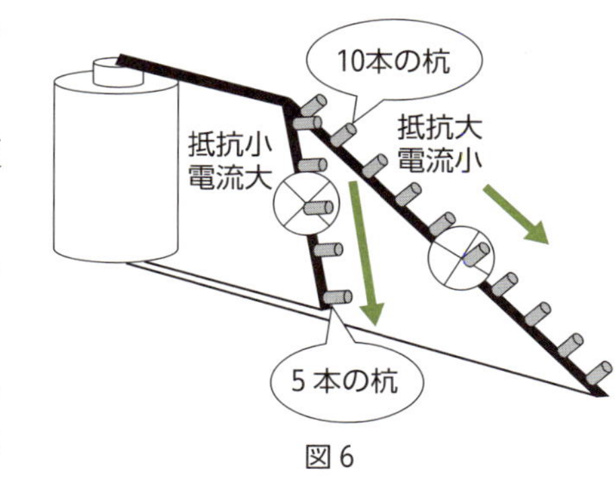

図６

抵抗が大きいほど電流は小さくなり、例題１で示された六つのグラフのうち、下の三つのグラフはどれも正しいことになります。しかし、抵抗が何倍になれば、そこを流れる電流が何分の１になるかという関係（これを定量的関係といいます）まではわかりません。

事実、図７のように④～⑥のグラフで表された抵抗と電流の関係は、そのどれもが

「抵抗が２倍になると（記号では $R_0 \rightarrow 2R_0$）、

回路を流れる電流は半分になる（記号では $I_0 \rightarrow \frac{1}{2}I_0$）」

ことを満たしています。では、この三つのグラフの違いはどこにあるのでしょうか。

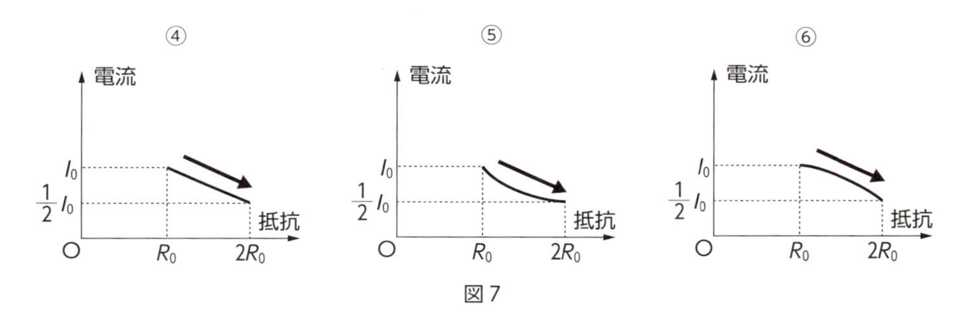

図７

④や⑥のグラフは抵抗を大きくしていき、たとえば抵抗が元の３倍くらい（記号では $R_0 \rightarrow 3R_0$）になると電流は０になりますが（図８）、⑤のグラフだけはそうはなっていません。水流モデルでも、滝の長さをはじめの３倍にしたからといって電流が流れなくなることはありません（図９）。

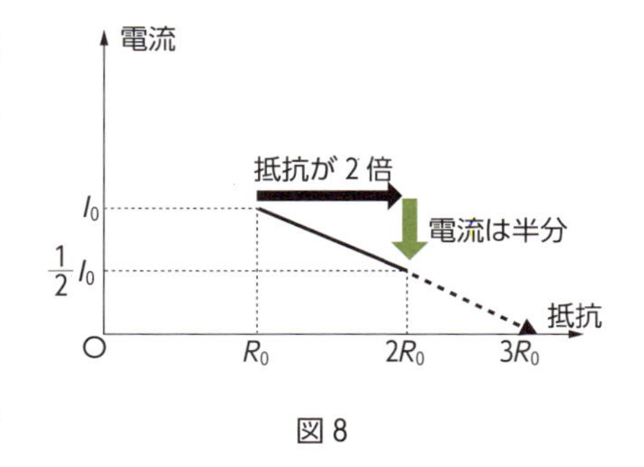

図８

このことからも、抵抗と回路を流れる電流の関係を表しているグラフは⑤となります。

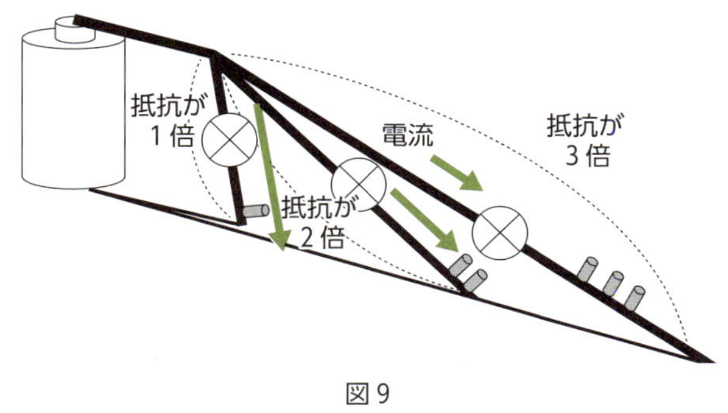

図９

【解くための基礎・基本】
中・高等学校レベル **オームの法則**

図10は、電池の数が1個のとき、抵抗と回路を流れる電流との関係を表したものです。すなわち、抵抗が2倍、3倍……になると電流は2分の1、3分の1……となり、片方が増えると、それにつれてもう片方が同じ割合で減少するという「反比例」の関係です。ちなみに右のグラフの2つの点P、Qで、抵抗とそのときに流れる電流との積をとると、ともにR_0I_0と同じ値になります。

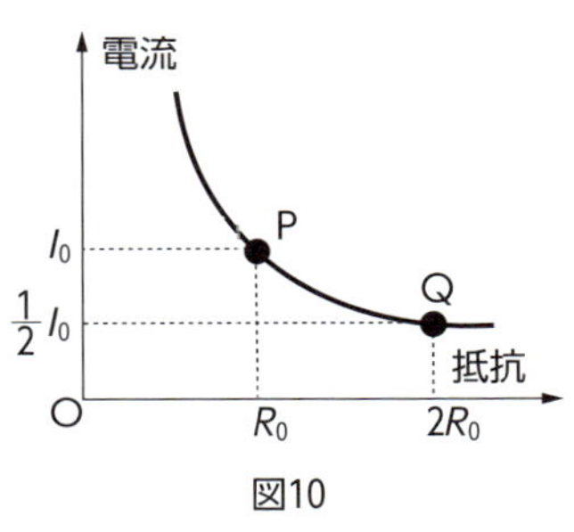

図10

	抵抗	×	電流	
P点	R_0	×	I_0	R_0I_0（一定値）
Q点	$2R_0$	×	$\frac{1}{2}I_0$	

P点、Q点に限らず、グラフ上の任意の点での電流と抵抗の積はいつでも一定値R_0I_0をとるように変化しています。掛けたものが一定……反比例とはこのような関係をいうのです。

例題1ではまさに、この反比例の関係が問われていたのです。中学校では抵抗と電流、電圧の関係をオームの法則として学習しますが、オームの法則とは、実はこの抵抗と回路を流れる電流との関係、すなわち反比例の関係を指していたのです。

ところで、理科好きのあなたなら、きっとこう質問するでしょう。

「オームの法則って、抵抗と電流、そして電圧の三つの関係だったのに、抵抗と回路を流れる電流が反比例するだけなら電圧が入っていない。電圧はどこに行ったんだ？」

「オームの法則は$V = R \times I$だったから、上の説明では電圧Vが落ちている！」

これらの疑問には、「電池の数が1個のときの抵抗と回路を流れる電流を考えたからです」という説明が答えになります。

電池が2個や3個の場合も、抵抗と回路を流れる電流は反比例の関係なのですが、電池1個の場合とは違った反比例のグラフになる点に注意しましょう（図11）。

電池2個の場合の反比例　$R \times I =$ 一定

電池3個の場合の反比例　$R \times I =$ 一定

式の右辺の「一定」の値が、それぞれ電池1個、2個、そして3個の場合に対応しています。

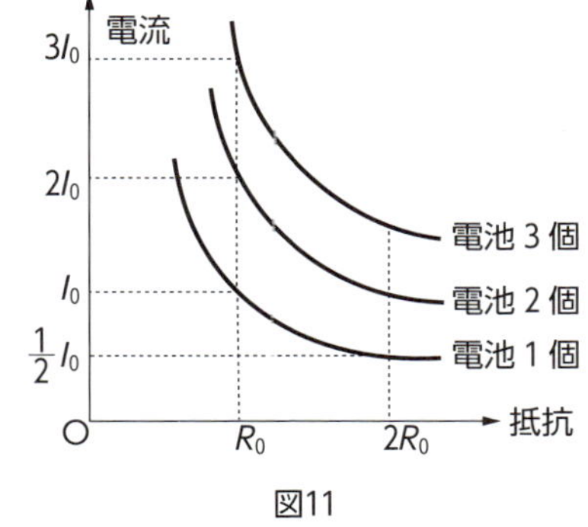

図11

エネルギー供給源としての電圧にせまる

では、次に「電圧のはたらき方」についての例題を考えてみましょう。

例題 2　大学入試問題

(2007年度大学入試センター試験・物理Ⅰ〔本試験〕第2問・A問2、一部改変)

抵抗値が R_0 の抵抗二つと起電力が E の電池二つを、図12の回路(a)、(b)のように接続する。

それぞれの回路で電流計を流れる電流の大きさを I_a、I_b とするとき、I_0、I_a、I_b の大小関係を求めよ。ただし、I_0 は抵抗値 R_0 の抵抗を流れる電流である。

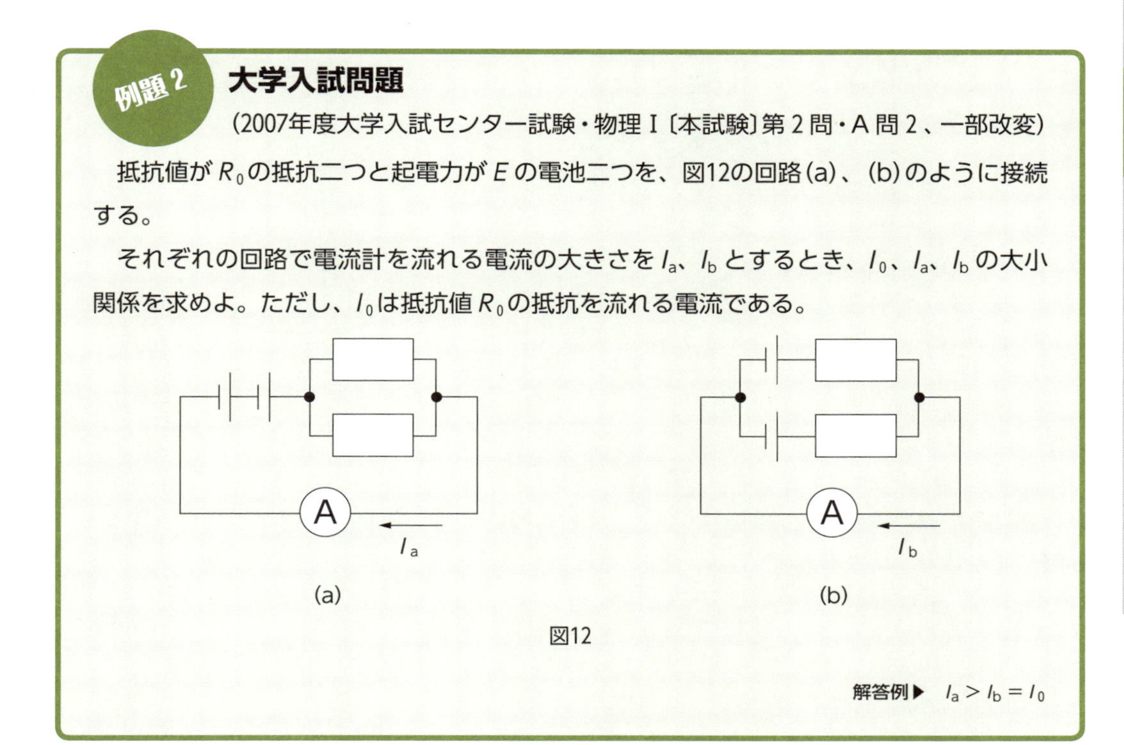

図12

解答例▶　$I_a > I_b = I_0$

例題のねらい　なぜ難しいと感じるのか

回路(a)も回路(b)も乾電池、抵抗の数は2個で同じです。しかも配線の様子もよく似ています。このことから流れる電流は同じだと考えてよいでしょうか。ちなみに、抵抗の代わりに同じ規格の豆電球にして実験すると、(a)と(b)とでは豆電球の明るさがまるで違っています（図13）。

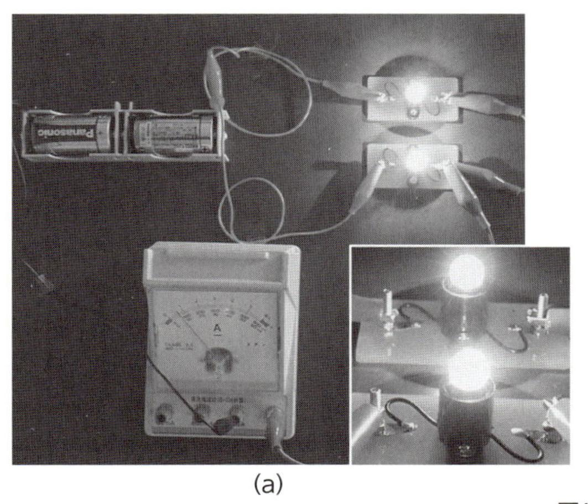

(a)

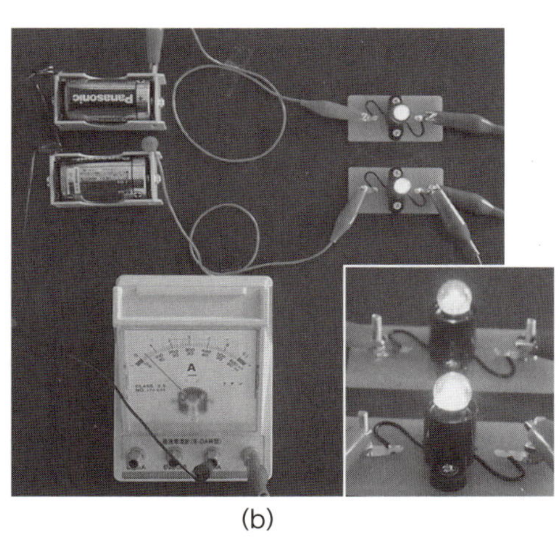

(b)

図13

このように実験をすれば、二つの回路で各抵抗を流れる電流や、かかる電圧が違っているのは一目瞭然(りょうぜん)です。ですが、なぜ違ってくるのでしょう。電池は抵抗に対してどのようなはたらきをしているのでしょうか。

例題２を難しく感じるのは抵抗が二つもあるからです。そこで、図12の回路(a)と回路(b)において、抵抗がそれぞれ一つの場合を考えてみることにします。すなわち、図14のように、緑の線とグレーの線で囲んだ抵抗について、それぞれ考えてみるのです。

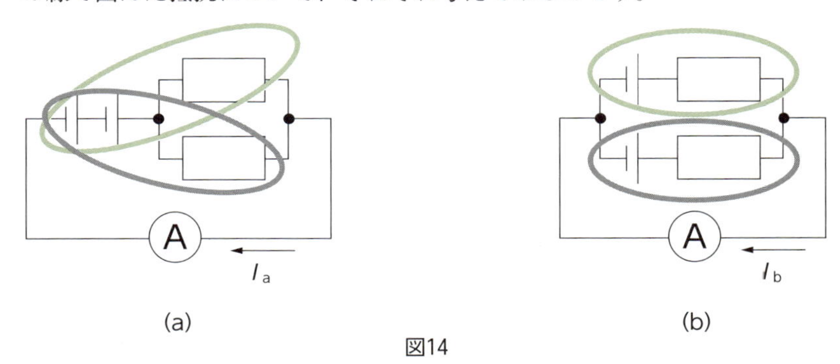

図14

まず、上の緑の線で囲んだ抵抗に着目し、下の抵抗については目をつぶります。そうすると、図15のようになります。

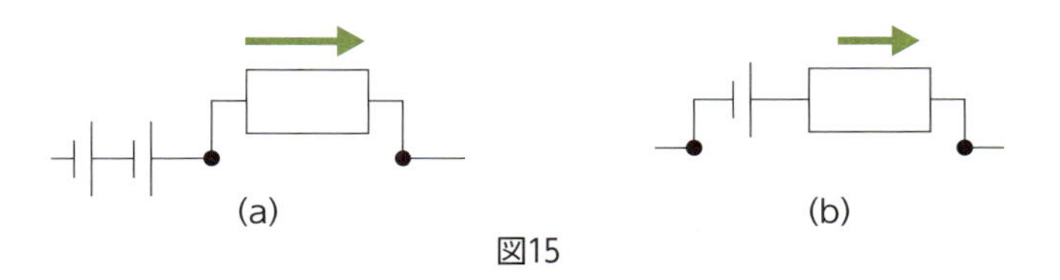

図15

上の抵抗について （図14の緑の線で囲んだ部分）

(a)の回路では、一つの抵抗に対して電池が二つかかり、

(b)の回路には、一つの抵抗に対して電池が一つかかっている

ですから、(a)の回路には(b)の回路の２倍の電流が流れることになります。

次に下のグレーの線で囲んだ抵抗に着目し、上の抵抗については目をつぶると、図16のようになり、やはり同じ結果になります。

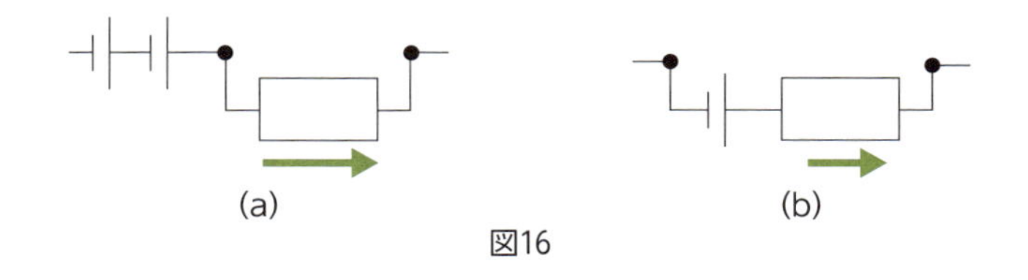

図16

下の抵抗について （図14のグレーの線で囲んだ部分）

(a)の回路では、一つの抵抗に対して電池が二つかかり、

(b)の回路には、一つの抵抗に対して電池が一つかかっている

このときも、(a)の回路には(b)の回路の２倍の電流が流れます。

結局、電流計に流れ込む電流は、この二つの抵抗に流れる電流が合流したものになります。抵抗の合成公式など使わずとも、「もし抵抗が一つなら簡単なのに」という願いをそのまま形にすればよいのです。

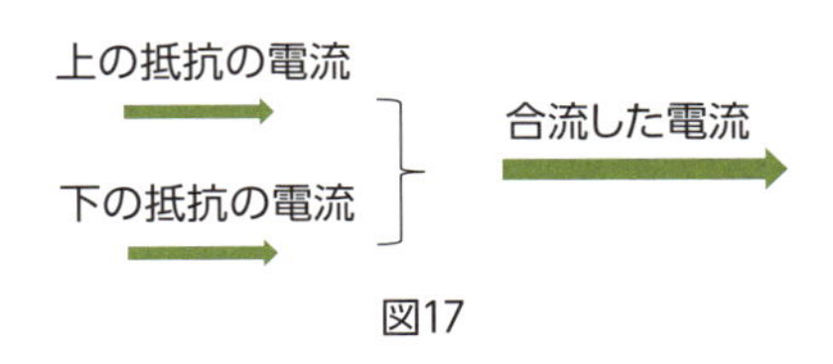

図17

では、例題２の解きほぐしです。

小・中学生用問題

同じ抵抗二つと、電池二つを図18のようにつなぎました。点Ａと点Ｂでは、どちらの方により多くの電流が流れているでしょうか。考え方を参考に答えなさい。

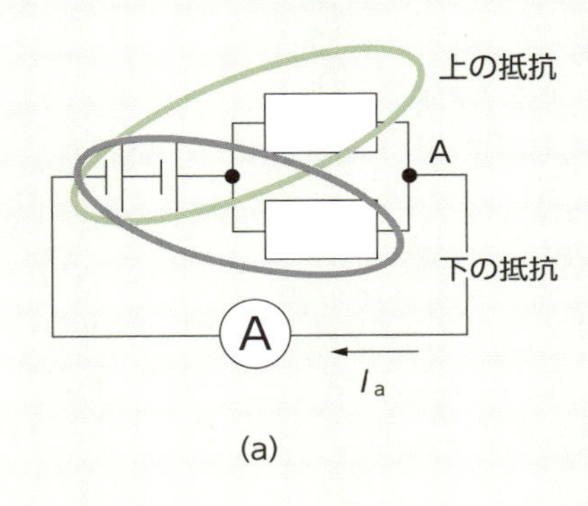

(a)

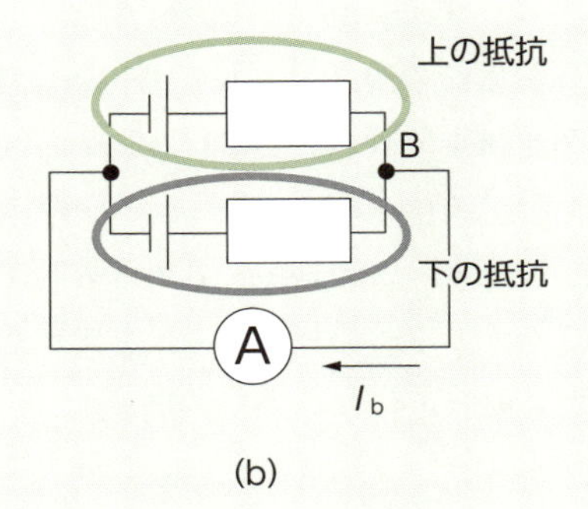

(b)

図18

考え方

図(a)の回路（電気の流れる路）では、

上の抵抗には、その左の二つの電池が電流を流そうとします。

下の抵抗にも、その左の二つの電池が電流を流そうとします。

図(b)の回路では、

上の抵抗には、その左の一つの電池が電流を流そうとします。

下の抵抗にも、その左の一つの電池が電流を流そうとします。

このように、抵抗一つあたりに影響を与える電池の数が違うのです。点Ａ、点Ｂでは、上の抵抗、下の抵抗それぞれを流れる電流が合流します。

解答例▶　点Ａ

解　説　解くための基礎・基本

電気回路には必ず電流を流そうとする電源（ここでは電池）と電流が流れる抵抗があります。水流モデルでは電池が「ポンプ」に、抵抗が「くみ上げられた水が落ちる滝の長さ（川底に打たれた杭)」に相当します。基本は、「ポンプは１台、滝は一つの場合」を基準として考えるということです。

ポンプが２台になれば、同じ長さの滝を流れ落ちる水の勢いはポンプ１台のときの２倍になります。ですから一定時間に流れる水量も２倍です。しかし、同時に滝の長さが２倍になれば、流れる水の勢いはポンプ１台のときと同じです。一定時間に流れ落ちる水量もポンプ１台のときと同じです。これは図19を見れば一目瞭然ですね。

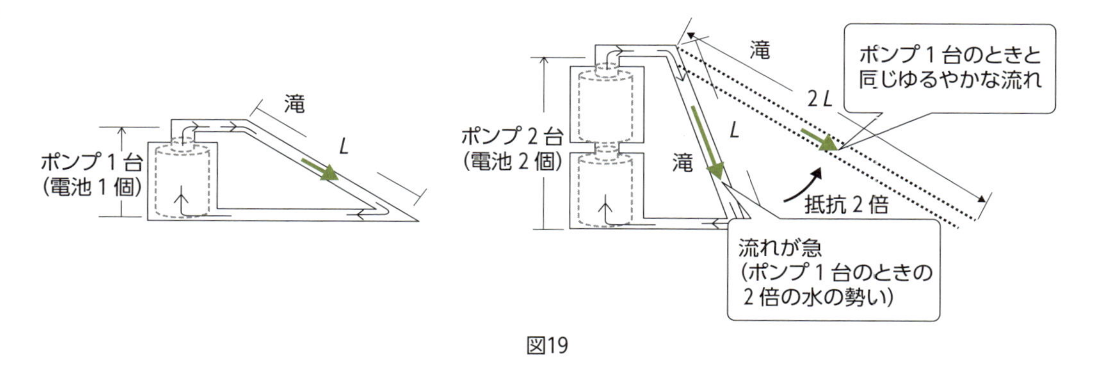

図19

さて、例題２の解きほぐしの図18(a)の回路では、電池２個分で持ち上げられた電流が上の抵抗、下の抵抗を流れることになります。電池２個が両方の抵抗に影響を及ぼしているのです。それに対して、図18(b)の回路では、上の抵抗、下の抵抗ともそれぞれすぐ側の電池１個の影響しか受けていません。この様子を見事に表しているのが図20(a)、(b)です。いずれも電池でくみ上げられた電流が、二つの抵抗（滝）を流れ落ち、そして下流でまた合流して電池の方に戻っていきます。しっかりとしたイメージを持つことが理解にとっていかに大切かがよくわかります。

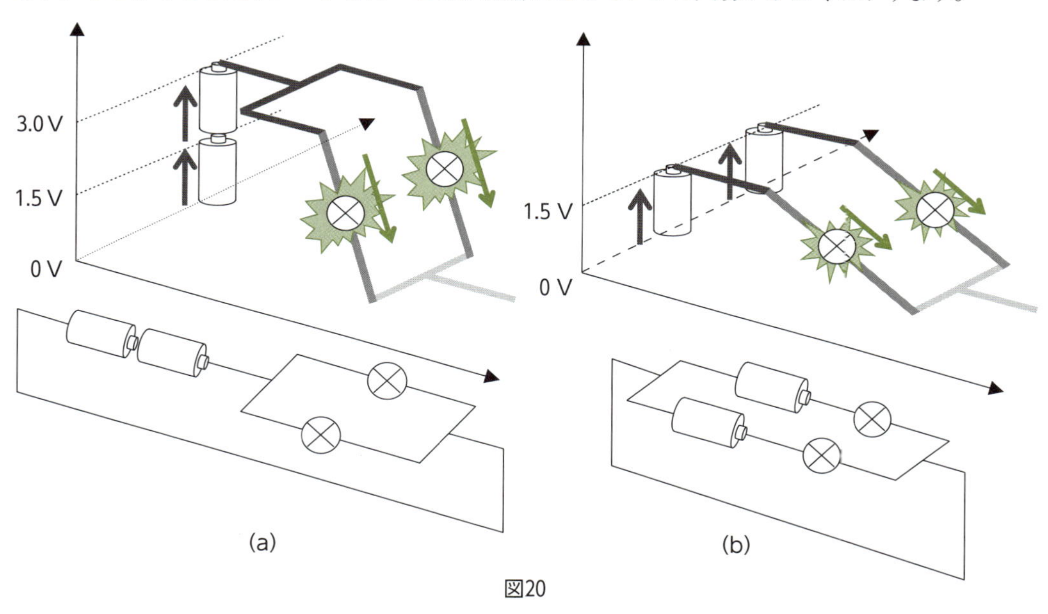

図20

ここで大切なことをまとめておきましょう。

ポンプが、下流の水を上流へ運ぶという仕事をするように、**電池**は、マイナス極からプラス極へ電気を運び上げる仕事をする。

ポンプは「水を下流から上流へ」、電池は「電気をマイナス極からプラス極へ」と運び上げ、水や電気にもう一度エネルギーを与えて「仕事ができる状態に戻す」という共通のはたらきをもっています。ですから、電源とは、電気にもう一度エネルギーを与え、仕事ができる状態に戻す「装置」のことなのです。

よく使われる単１型のアルカリ乾電池の電圧は1.5 V（ボルト）ですが、これは電池のプラス極から送り出された電流がマイナス極にもどるまでに、豆電球やモーターにできる仕事（エネルギー）の大きさを表しています（図21）。このように、**電圧**とは電池によって持ち上げられた「上流を流れる電流」と、仕事をし終えた「下流を流れる電流」とのエネルギーの差をさしているのです。

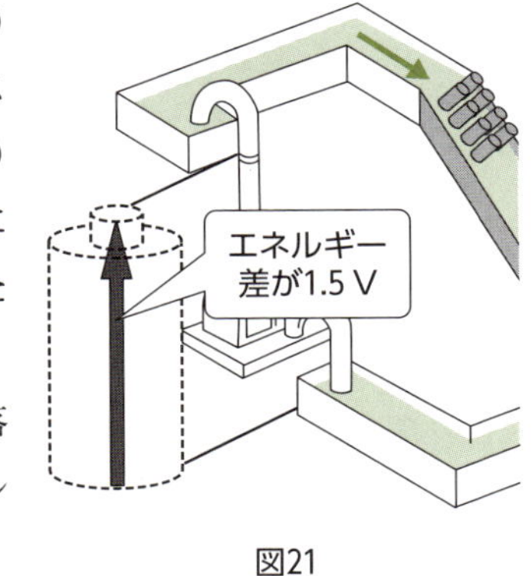

図21

では、電池のポンプとしてのはたらきや電気のエネルギーの落差としての電圧をより所として、電池の直列、並列接続をエネルギーの視点で考えましょう。

乾電池は電圧の代名詞……直列接続、並列接続の違いをエネルギーで考える

チャレンジ問題　**頻出問題**

小学校では、乾電池を２個直列に、また並列に接続し豆電球の明るさ調べをします。２個の電池の直列接続と並列接続とでは、豆電球が明るいのはどちらでしょうか。またそれは乾電池１個の場合の何倍明るいでしょうか。

さらに、電球の明るさが長持ちするのはどちらでしょうか。

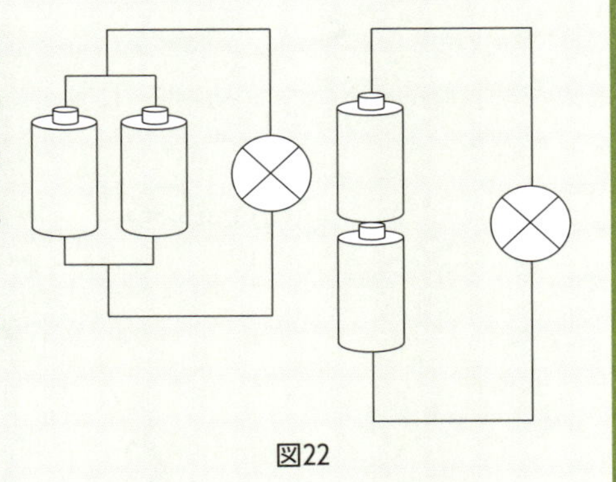
図22

解答例▶　直列接続で２倍明るい、長持ちするのは並列接続

解　説　解くための基礎・基本

電池の接続の問題は大学入試はもちろんのこと、中・高校入試から教員採用試験にいたるまで数多く出題されています。電気回路の問題の中でも電池に代表される「電圧」の考え方は大切だからです。ポイントは次の三つです（図23）。

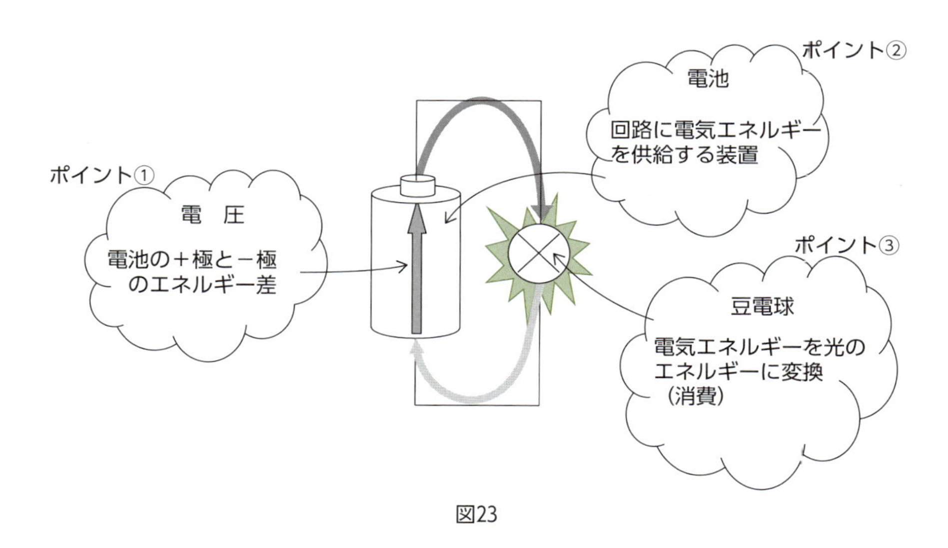

図23

この電池のはたらきを知ったからといって、電池２個のつなぎ方による仕事の違いにまで気づくことは難しいですね。直列接続（縦に並べての接続）、また並列接続（横に並べての接続）で電池はエネルギーの供給をどのように使い分けているのでしょうか。図24のように考えると、イメージしやすくなります。

図24より、電池の直列接続では、豆電球に電池２個分の3.0 V の電圧がかかり、その分の電気のエネルギーが電池から供給されます。

一方、並列接続では、電池の数は２個ですが、豆電球には電池１個分の電王（1.5 V）しかかかっていません。ですから、供給される電気のエネルギーも直列接続の半分にしかなりません。電気のエネルギーを光のエネルギーに変える装置が豆電球ですから、直列接続の方が明るいのです。

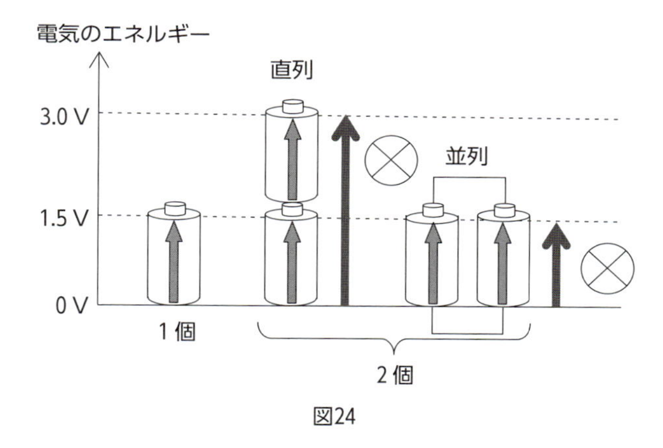

図24

また、豆電球に流れる電流、これは水流モデルでは滝をくだる水の勢いでしたが、図25のように滝の長さ（抵抗）は同じですから、直列接続では激しい流れになり（多くの電流の流れ）、並列接続ではゆるやかな流れ（わずかな電流の流れ）になります。このことからも、電池の直列接続の方が豆電球は明るくなることがわかります。

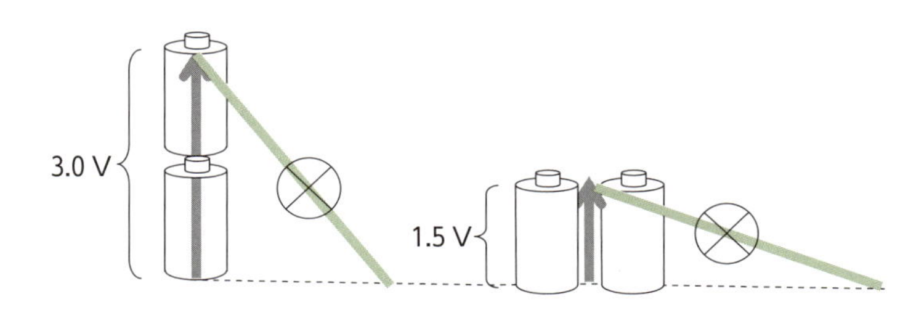

図25

では、並列接続のメリットは何でしょう。電池１個と変わりがないのならばメリットなんかないように思えるのですが……。実は、直列接続に比べ並列接続の方が流れが穏やかですから、その分、電池の寿命が長いのです。

まとめておきましょう。

直列接続：　豆電球が明るい分だけ、電池は早くなくなる。
（水流モデル：勢いよく流れ、水は早くなくなる。）
並列接続：　豆電球は明るくはないが、電池は長持ちする。
（水流モデル：ゆっくり流れ、水は長持ちする。）

02 電流、電圧を測定する(電流計、電圧計のはたらきと接続のしかた)

電気回路に流れる電流や、また豆電球など抵抗で消費したエネルギーの大きさを知るには、電流計や電圧計という測定器によらなければなりません。では、これらの計器を回路にどのようにセットすればよいのでしょう。

水流モデルから「本流を流れる水量の測定だから電流計は本流に」、また「抵抗で消費したエネルギーの測定だから電圧計は抵抗をまたぐように」セットすればよいと予想はできますが……。電流計、電圧計のはたらきから、この予想を確かめてみることにしましょう。

電気回路に流れている電流を素直に測る装置が電流計、そして抵抗の両端の電圧を素直に測るのが電圧計です。「素直に測る」とはどういうことでしょう。たとえば、電流計を回路に入れたことで回路に流れる電流の大きさが変わってしまったら、それは私たちの知りたい電流の値といえるでしょうか。電流計や電圧計は、そのようなことが起こらないようにはたらく「影武者」のような存在なのです。この影武者の条件とは何か、次の大学入試問題はそれを問うています。

例題3 **大学入試問題**

(1998年度大学入試センター試験・物理B〔本試験〕第1問・問4、一部改変)

抵抗 R にかかる電圧と流れる電流を、電圧計と電流計を用いて測定する。電圧計と電流計の、内部抵抗と接続方法について、それぞれ正しいものを一つずつ選べ。

内部抵抗について

①電圧計、電流計とも内部抵抗は小さい方がよい。
②電圧計、電流計とも内部抵抗は大きい方がよい。
③電圧計の内部抵抗は大きく、電流計の内部抵抗は小さい。
④電圧計の内部抵抗は小さく、電流計の内部抵抗は大きい。

接続方法について

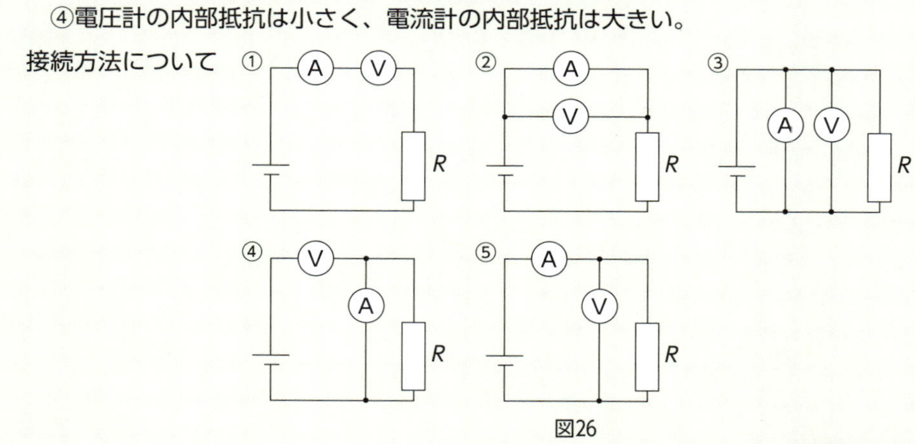

図26

解答例▶ ③、⑤

例題のねらい なぜ難しいと感じるのか

小学校では検流計という道具を使いますが、これは電流計と同じはたらきをするもので、子ども達は慣れ親しんでいるといってもよいでしょう。一方、電圧計は、第1章でも触れたように、小学校では電圧という用語そのものを学習しませんので、なじみはないかもしれません。しかし、これまでの学びから、「抵抗で消費された電気のエネルギー（電圧）を測定する道具」ではないかと予想できればしめたものです。

ところで、ここで気にかかるのは例題中の二つの下線部分「内部抵抗」の意味と「接続方法」との関係です。大学入試問題では、電流計、また電圧計の特徴やそのはたらきについて十分に理解していることが前提になっていますから、たとえば電圧計は、

「内部抵抗が十分に大きいため、①や④のように回路に直列に接続してはならない」

となります。しかし、問題はこの電圧計の特徴から①や④がダメだという、その接続の仕方がイメージ豊かに結びつくかどうかです。そもそも内部抵抗とは、測定機器自体が持っている抵抗のことですが、この電流計、また電圧計の特徴である内部抵抗の大小が、なぜ電流計や電圧計の接続の仕方に関係してくるのか。この点に注意して例題3を解きほぐしてみましょう。

小・中学生用問題

抵抗と電池をつないだ回路があります。回路に流れる電流と、抵抗にかかる電圧を測るために電流計と電圧計を用意しました。次の（　　）に適当な言葉を入れなさい。最後の（　　）には下の五つの回路図から最も正しいと思うものを一つ選びなさい。

電流計は回路に流れる電流を調べる道具で、これを回路に組み込むことで、回路に流れている電流を乱してはなりません。したがって、電流計自体が持っている抵抗は（　　）方がよいのです。

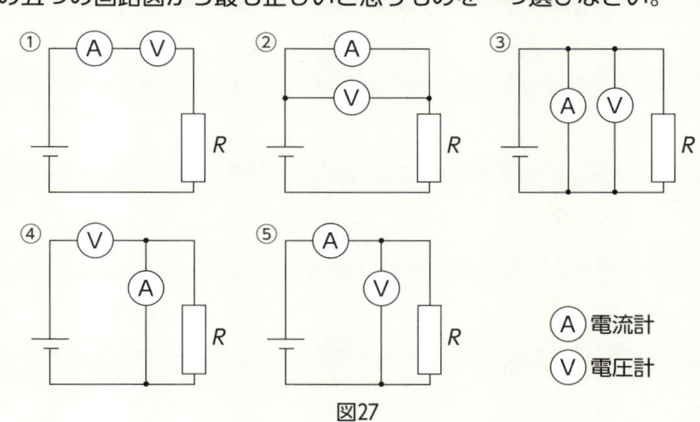

図27

一方、電圧計は回路にある抵抗で消費された電気のエネルギー（その差である（　　））を測る道具ですから、電圧計を回路に組み込むことで、抵抗で本来消費されるべきエネルギーの値を変えてしまってはなりません。したがって、電圧計自体が持っている抵抗は（　　）方がよいのです。これらの説明から、回路に組み入れる電流計と電圧計は図（　　）となります。

解答例▶　小さい、電圧、大きい、⑤

解説　解くための基礎・基本

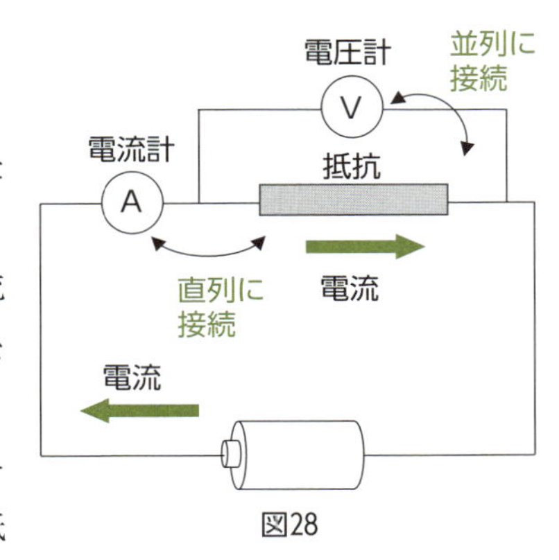

図28

回路を流れる電流の大きさを測定するのが電流計ですが、電流計を入れたばっかりに、その流れをせき止めたり、またゆるやかにしてしまったのでは正しい電流の値は測定できません。ですから、求められる電流計の特徴としては、「電流計自体が持っている抵抗はできるだけ小さい方がよい」となります。

電圧計の方はどうでしょう。抵抗で消費されたエネルギーを測定するための道具が電圧計ですから、図28のように、抵抗の前と後ろを結んだところに接続することになります。つまり、抵抗と並べて設置するのですが、これを「抵抗と並列に接続する」とよんでいます。消費前と消費後のエネルギーの差、すなわち電圧を測るというしくみです。

さて、このとき、抵抗に流れるべき電流が電圧計の方にも流れてしまう可能性があります。すると抵抗は少ない電流によるエネルギー消費になり、本来のエネルギー消費量を測定できなくなってしまいます。ですから、求められる電圧計の特徴としては、「電圧計自体が持っている抵抗はできるだけ大きい方がよい」となります。これは電流計とは逆ですね。

以上の理由から、電流計、電圧計の特徴と接続法は次の表のようになります。

	電流計	電圧計
特　徴	内部抵抗はできるだけ小さい方がよい	内部抵抗はできるだけ大きい方がよい
接続法	測定したい回路に直列に入れる	測定したい抵抗に並列に入れる

したがって、①～⑤の回路で、上の条件をクリアしているものは⑤のみとなるのです。

では、本章の締めくくりです。最初に次の問いを出しておきました。電圧の本質に関わる問いでしたね。

電圧とは、電気の「○○○○○の差」のことだ。

五つの○の中に何が入るか、おわかりになったことと思います。そうです。

電圧とは、電気の「エネルギーの差」のことだ。

となります。どうでしょう、電圧のイメージが少しは変わったかもしれませんね。

第3章 電場と磁場の世界

電磁気の織りなす世界

01 クーロンの法則と電場・磁場（地形図モデルの導入）

電場・磁場……電気力・磁気力の伝わり方

本章では、地形図モデルを用い、電気の世界の出来事を、まるで私たちの住む世界の出来事のように実感することにします。いよいよ電場や磁場の世界に分け入ります。

二つの磁石には、同種のＮ極どうし、Ｓ極どうしでは反発力が、また異種のＮ極とＳ極では引力がはたらきます。二つの電荷にはたらく力についても同じです。

これらの力は、磁石や電荷をどこに置こうとも、真空であっても、水中であっても即座に影響を及ぼしあうわけではありません。磁石や電荷はまず周囲に影響を与え、その影響が徐々に伝わっていき、最後にもう一方の磁石や電荷に力を及ぼすのです。電荷によって影響を受け、電気力を伝える状態になっている場所（空間）を**電場**（**電界**）、また磁石によって影響を受け、磁力を伝える状態になっている場所（空間）を**磁場**（**磁界**）とよんでいます。これらはともに高等学校で学ぶ用語です。

図１は磁石のまわりに鉄粉をまいて、磁場の様子を鉄粉の動きを通してみたものです。同じＮ極どうしでつくられた磁場内に小さなＮ極を置いたとき、このＮ極が図の矢印に沿って動き出すことも鉄粉の模様から読み取ることができます。異なる極どうしの引き合う力の様子も鉄粉の模様から読み取れます。このように鉄粉の模様を通して力を見る……磁場は優れものなのです。

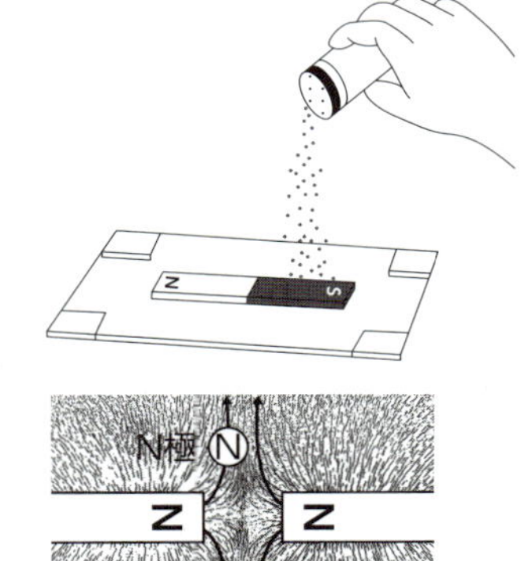

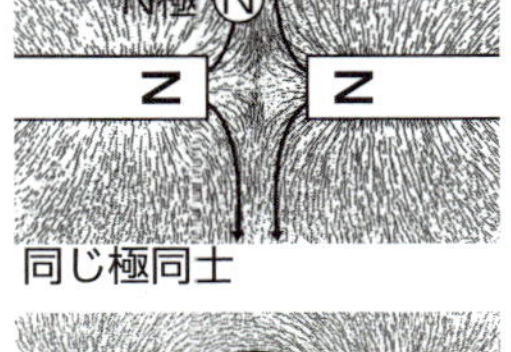

同じ極同士

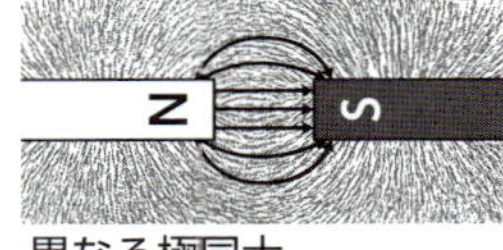

異なる極同士

図１

電場はどうでしょう。残念ながら電場の模様は磁場ほど簡単に「見る」ことはできませんが、しかし、地形図モデルを用いることで、平面に描かれた電場を３Ｄで表すことができ、電場を舞台に繰り広げられる電気の現象を驚くほど簡単に理解することができます。

小学校で学習した**磁力線**、これは鉄粉の模様を通して磁石が及ぼす力をグラフィックで表したものですが、このイメージ豊かな道具「力線（**電気力線**や磁力線）」を使いながら電場や磁場を丸ごと理解してしまおうというのが本章の目的です。

イメージやモデルでざっくり理解……小学理科から高校物理を学ぶ

これまでの「例題の解きほぐし」では、大学入試問題に見られる理科特有の難しい用語をやさしく言い換えました。これは、いわば高校生レベルの問題を小学生レベルへ落とし込む作業だといえます。本節のねらいは、それとは逆に、小学校での学びをもとにしたイメージや「モデル」で、中学校や高等学校での学習内容を「ざっくりと理解」してしまおうというものです。少し難解ではあるのですが、クーロンの法則や電気・磁気の核心ともいえる電場・磁場（場の概念の学び）にチャレンジしてみましょう。まずは、電場に関する大学入試問題についてです。

大学入試問題

(2003年度大学入試センター試験／物理B〔本試験〕第5問・A（問1～問3）、一部改変)

図2のように、x軸上の原点に電気量Qの正の点電荷を、また、$x=d$の位置に電気量$\frac{Q}{4}$の正の点電荷を固定した。

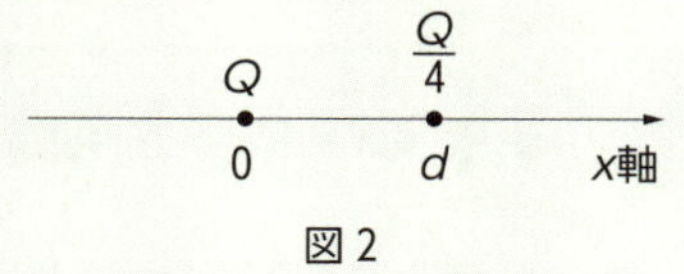

図2

問1　図2のx軸を含む平面内の等電位線はどのようになるか。最も適当なものを、次の図①～④のうちから一つ選べ。ただし、図中の左の黒丸は電気量Qの点電荷の位置を示し、右の黒丸は電気量$\frac{Q}{4}$の点電荷の位置を示す。

①
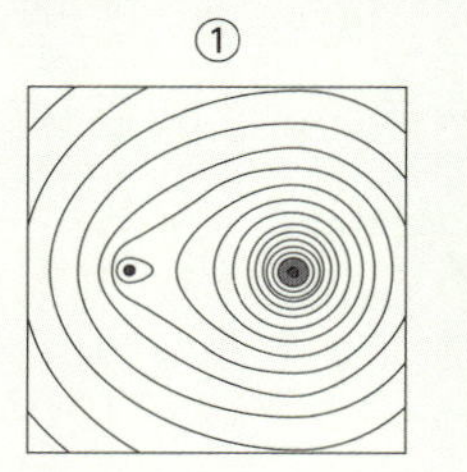
②
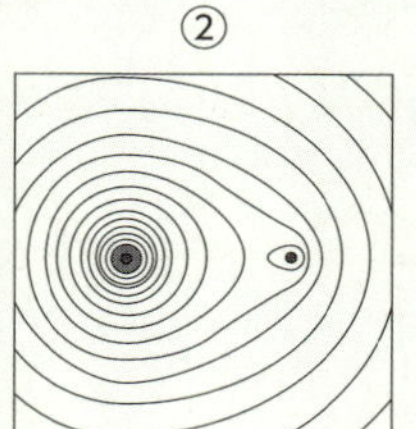
③
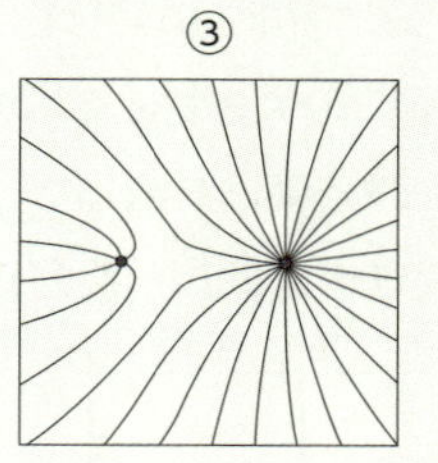
④
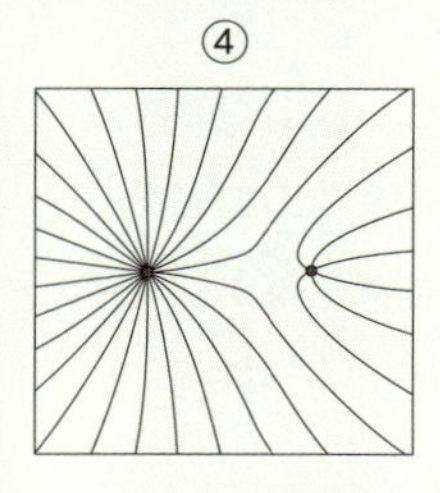

問2　x軸上で、電気量Qと$\frac{Q}{4}$の二つの点電荷の間のある位置に第三の点電荷を置いたところ、この電荷にはたらく静電気力の合力は0となった。このとき、第三の点電荷の位置を求めよ。

問3　問2で第三の点電荷の電気量をある値にすると、$x=0$にある電気量Qの点電荷にはたらく静電気力の合力は0になる。このとき、$x=d$にある電気量$\frac{Q}{4}$の点電荷にはたらく静電気力の合力はどうなるか。正しいものを、次の①～⑤のうちから一つ選べ。

①合力は0になる　②x軸の正の向きにはたらく　③x軸の負の向きにはたらく
④x軸に垂直な向きにはたらく　⑤問題の条件からだけではわからない

解答例▶　問1 ②　問2 原点から$\frac{2}{3}d$のところ　問3 ①

例題のねらい　なぜ難しいと感じるのか

例題1で特に気になるのは、問1では「等電位線」というグラフィック、問2では「静電気力」や「合力」、そして「位置を求めよ」と具体的に計算させようとしている点です。問3も問2同様、計算の結果、出てくることを聞いているようです。

電荷とは電気を帯びた小さな物体、または特にその電気量のことをいいます。この例題には「プラスの電荷Q」と、電気量がQの4分の1である「プラスの電荷$\frac{Q}{4}$」の二つしか登場していません。ですから、二つのプラスの電荷には反発力がはたらいていることは容易に想像できます。問2や問3は二つのプラスの電荷の間に第三の電荷を置いていますが、この第三の電荷の符号については、これまで学んできたように、「同極どうしには反発力がはたらき、異極には引力がはたらく」を適用すれば容易に求めることができます。問題は「これらの電荷にはたらく力の大きさが、電荷の量（電気量）や電荷間の距離によってどのように変化するか」という力の大きさについての定量的な理解が求められている点であり、ここに扱いにくさを感じます。いったいこれらの扱いはどこで学ぶのでしょうか。まずは、電荷にはたらく力の大きさについてのクーロンの法則です。次の例題１の解きほぐしで例題１のポイントを引き出しておきましょう。

小・中学生用問題

次の児童と先生との会話を読み、下の問いに答えなさい。

児童：プラスの電荷どうしに反発力がはたらくことはわかったのですが、その力の大きさには何か、ルールのようなものはあるのですか。

先生：磁石の間にはたらく力については、よく経験しているよね。電荷の間にはたらく力についても同じで、電荷の大きさと二つの電荷の間の距離で決まるんだ（と言って、先生は次の二つの表（実験結果）を示した）。

実験結果１：電荷の大きさとはたらく力について

		基準		
力（f）	$\frac{f}{2}$	f	$2f$	……
電荷の大きさ（q）	$\frac{q}{2}$	q	$2q$	……

実験結果２：電荷の間の距離とはたらく力について

		基準		
力（f）	$4f$	f	$\frac{f}{4}$	……
電荷間の距離（r）	$\frac{r}{2}$	r	$2r$	……

児童：そうか。でも、先生の表をよく見ると、電荷にはたらく力は、実験結果１では「電荷の大きさに（　ア　）」し、実験結果２では「（　イ　）に反比例」している。

先生：その通り。fについては、qやrとの関係をグラフにすると、もっとはっきりするよね。

児童：fとqの関係は（　ウ　）になり、fとrの関係は（　エ　）になります。確かに言葉よりグラフの方がわかりやすい。

問１　上記の（　ア　）と（　イ　）には適語を入れなさい。また、（　ウ　）と（　エ　）は次の①～④のグラフから選びなさい。

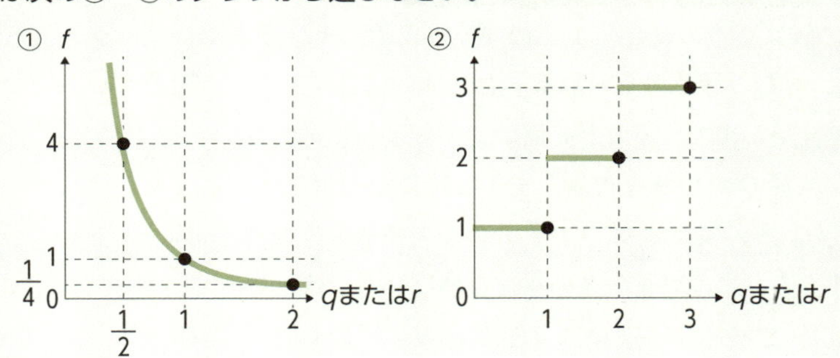

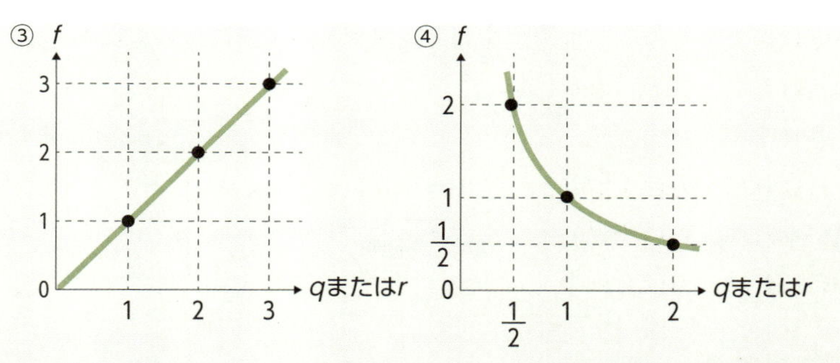

問2　図3は、先生が示した二つの表を図にしたものです。プラスの電荷 Q から距離 r 離れたところに置いたプラスの電荷 q（大きさは q）にはたらく反発力の大きさを f とし、これを基準とします。B点にある大きさの電荷を置きました。すると、A点に置いた電荷（大きさは $2q$）と同じ大きさの反発力がはたらきました。B点に置いた電荷の大きさはいくらですか。

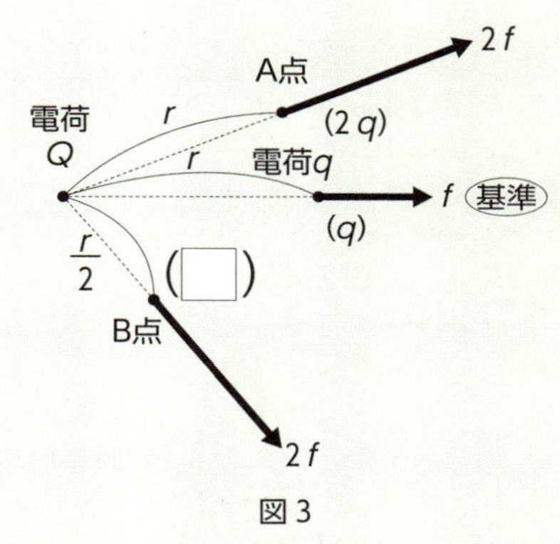

図3

解答例▶　問1　ア 比例、イ 距離の2乗、ウ ③、エ ①　問2 $\frac{q}{2}$

解　説　解くための基礎・基本

二つの電荷、Q と q にはたらく力については、高等学校ではクーロンの法則として学びます。解きほぐしでは、この力の性質を実験結果から考えました。

電荷の大きさ（電気量）と力の関係については、たとえば q が2倍の $2q$ になったとしましょう。このときは、次のように考えれば $2q$ の電荷にはたらく力は q にはたらく力の2倍になることが簡単に予想できます。

Qと$2q$ → Qと「二つのq」

Q　$2f$　$2q$ ＝ Q　f　f　$q+q$

一方、電荷 q にはたらく力と二つの電荷間の距離 r との関係についてはどうでしょう。先生が示した実験結果（右表）から、以下のようになります。

距離が半分になれば、力は4倍。

距離が2倍になれば、力は4分の1。

距離が3倍になれば、力は9分の1。

……。

基準　4倍　4分の1　9分の1

力（f）	$4f$	f	$\frac{f}{4}$	$\frac{f}{9}$
電荷間の距離（r）	$\frac{r}{2}$	r	$2r$	$3r$

2分の1　2倍　3倍

このように計算結果から

「力は距離の2乗に反比例する」

と導けますが、しかし実感はわきませんね。これを図4のように考えてみてはどうでしょう。電荷 Q はその周辺に電気的な影響をまず与え、それが徐々にまわりに伝わり、やがて電荷 q に達し力を及ぼすようになる。この影響を受けた場所（周囲）が電場です。電場を電荷 Q を頂きとした「山」だと考え、その山の斜面を電荷 q が転がり落ちるとみなす。転がるボール（q）があろうがなかろうが、Q を頂きとした山は確かに存在しているのです。

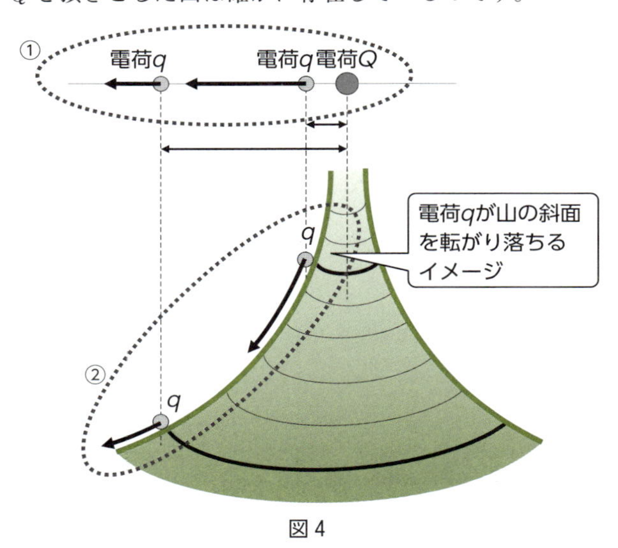

図4

電荷 Q によって電荷 q が力を受ける（図4の①）

⇩

電荷 Q によってできた山の斜面を電荷 q が転がり落ちる（図4の②）

} 電荷 q は電荷 Q から離れる

この二つの見方は、ともに「電荷 q は電荷 Q から離れる」という同じ結果を導きます。特に図4の②のように電場を私たちが住む世界（地形）に置きかえることで、電気の世界の出来事をより実感できるようになります。

【解くための基礎・基本】
中・高等学校レベル

電荷にはたらく力を支配するクーロンの法則・公式（例題１の問２、問３）

クーロンの法則は、現在では高等学校で学習します。高校で物理を選択しなければクーロンという名前すら知らないことになります。しかし、1940年代（昭和40年代）では中学校でも学習していたのです。第１章で学んだように、二つの電荷の間には

同種の電荷どうしには反発力が、異種の電荷どうしには引力がはたらく

という性質がありました。この反発力や引力が、その電荷の配置（距離）や、またその電荷の量（電気量）によってどのように変わるかを説明した法則がクーロンの法則です。

シャルル・ド・クーロン
（仏・1736～1806）

ポイントは、二つの電荷の間にはたらく静電気力（反発力や引力）が、その距離に大きく依存するということです。その様子を表したものが次の図５のイメージ図です。式のままではイメージはわきませんが、図にするとよくわかります。例題１の解きほぐしでは、実験結果から同図下の二つのグラフを導きました。

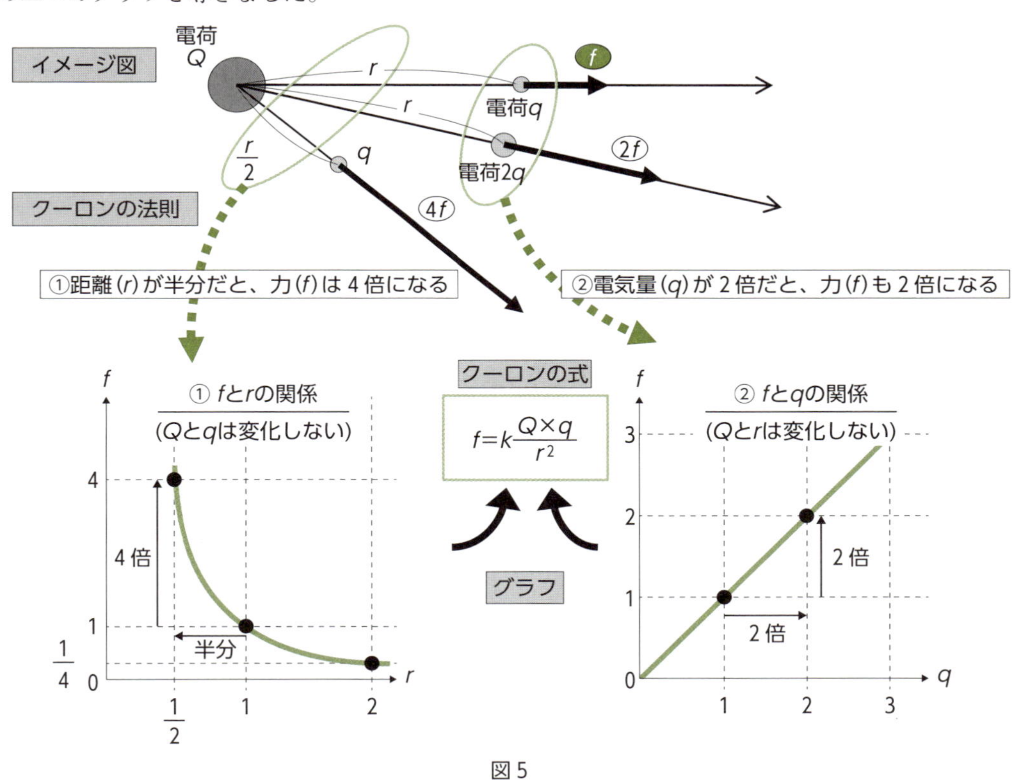

図５

図５のイメージ図から読み取れる①fとrとの関係、②fとqとの関係はそれぞれ上記のグラフで表されます。この二つのグラフから、着目している電荷qが電場の源Qから受ける静電気力fについては、次の結果①、②が導けます。このことを言葉で表したものがクーロンの法則

で、これを式で表すとクーロンの公式となります。グラフも文章で表した「法則」も、そして式で表した「公式」もすべて同じ内容を表しているのです。

静電気力の大きさfは　**クーロンの法則**　**クーロンの公式**

①二つの電荷間の距離rの2乗に反比例する（分母の形）
②二つの電荷の大きさ（の積）に比例する　（分子の形）

$$f = k\frac{Q \times q}{r^2}$$

ちなみに、各家庭で100ワットの電球を1秒間つけたときに流れる電気をためて、1メートル離して置いたとき、これらの電気量（1クーロン）にはたらく反発力の大きさは90万トン重（90万トンの荷物にはたらく重力と同じ）にもなります。この電気量を1センチメートルまで近づけると、その反発力はなんと1万倍の90億トン重。このように、静電気力とは実に大きな力です。下敷きで髪の毛をこすることで髪の毛が持ち上がったり、帯電させたストローが回転したりするのは、この非常に大きな静電気力のせいなのです。

このことをクーロンの公式を使って計算で求めてみましょう。

公式を用いての計算

1C（クーロン）の電荷を1m離したときにはたらく力

$$f = k\frac{Q \times q}{r^2} \rightarrow f = 9.0 \times 10^9 \times \frac{1\ \mathrm{C} \times 1\ \mathrm{C}}{1^2\ \mathrm{m}^2} = 9.0 \times 10^9\ \mathrm{N} \rightarrow 90万トン重$$

↓ **1万倍**

1C（クーロン）の電荷を1cm離したときにはたらく力

$$f = k\frac{Q \times q}{r^2} \rightarrow f = 9.0 \times 10^9 \times \frac{1\ \mathrm{C} \times 1\ \mathrm{C}}{0.01^2\ \mathrm{m}^2} = 9.0 \times 10^9 \times 10^4\ \mathrm{N} \rightarrow 90億トン重$$

【解くための基礎・基本】
小学校レベル

電気力線、等電位線（例題1の問1）

●電気力線とは

磁石の上に下敷きを置き、その上に鉄粉をまくと不思議な模様が浮き上がります。鉄は磁石に引きつけられるので、この不思議な模様は、実は、鉄の動きを通して、磁石の力の様子を表していることになります。これが**磁力線**（じりょくせん）です（図6）。磁力線は小学生にとって大好きな理科のテーマの一つです。

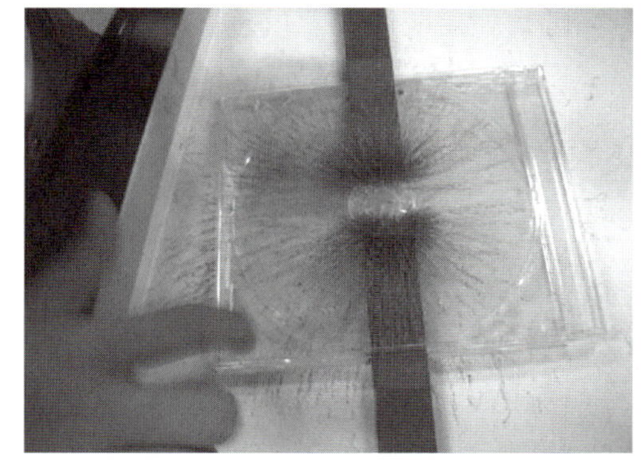

図6

磁石の力（N極やS極が及ぼす力）を磁力線によって視覚的にとらえられる、これはすごいことです。一方、正や負の電気の間にはたらく静電気の力を、磁石の力のように、目に見えるように表したものが**電気力線**（でんきりきせん）とよばれる「力の線」です。

では、以下、この小学校で登場する力線をつかって、電気の世界（電場）を支配するクーロンの法則を探っていきましょう。場の概念の直感的理解にせまります。

●電場を実感させる地形図モデル（電気力線が描く世界）

まずは、電気力線が登場する電気の世界を私たちの住む世界とみたてた**地形図モデル**を使って電気力線を考えます。このモデルを使うことで、目に見えない電気の世界がより具体的に、そして何よりも身近に感じられるのではないでしょうか。これがモデルの強みです。

電荷 Q のまわりに別の電荷 q（q_1、q_2、q_3、q_4）を置いたとき、これらの電荷にはたらく静電気力は、図7(上)のようになります。力の向きはいずれも放射線状外向きで、その大きさはクーロンの法則にしたがい、二つの電荷間の距離が長くなるにつれて、逆に小さくなっています。

この様子を地形図モデルで考えてみましょう。図7(下)は、電荷 q に影響を与える Q（プラスの電荷）のところに山頂があるとして描いたものです。

たとえば、電荷 Q から距離 r_3 離れたところに力を受ける電荷 q_3 がありますが、その静電気力 f_3 を山頂から距離 r_3 離れたところに置いたボールが受ける力（くわしくは重力の斜面成分）だと考えるのです。

山頂に近づくほど、山の傾斜は険しくなり、ボールにはたらく力は大きくなります。「山頂からの距離が半分になれば、ボールにはたらく力が4倍になる」、そのような山の形になっているのです。また、山の高さは電荷 Q の大きさに比例して高くなります。

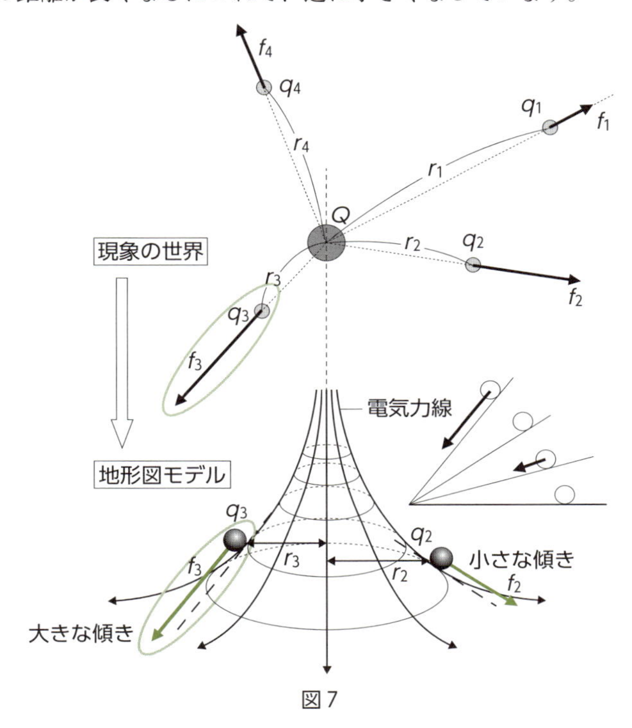

図7

ここで、二つの電荷、Q と q の間にはたらく静電気力について、この地形図モデルで考える際のポイントを整理しておきましょう。式が書かれていますが気にすることはありません。

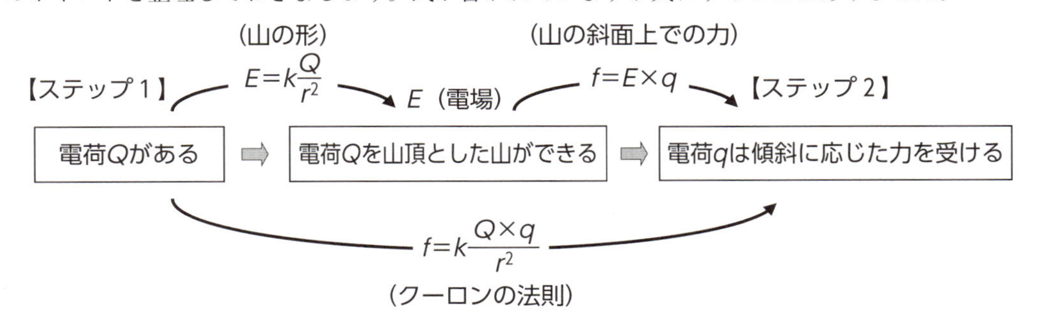

大切なことは、電荷 Q の影響がまわりの空間を飛び越えて、一足飛びに電荷 q に出るのではなく、まずは**【ステップ1】**で Q のまわりの空間が影響を受け、**【ステップ2】**でその空間（山

の傾斜）が電荷 q に力を及ぼすという2段階で考えるという点です。この電荷 Q によって、他の電荷に影響を与えるようになった空間（歪んだ空間）を**電場**（でんば）とよんでいます。電場の様子を山や谷といった身近な地形になぞらえて表したものが地形図モデルです。

本当に電場（電荷によって歪んだ空間）なんて存在するのでしょうか？　電場や磁場の存在は、19世紀にヘルツによって確かめられました。電場や磁場によって作られた波を「電磁波」とよんでいますが、その存在を実験的に証明したのです。私たちは、日々電磁波のお世話にならない日はないと言ってもよいでしょう。電場や磁場は実在するのです。

ではここで、電気力線、また地形図モデルについてまとめておきましょう。次の図8は、プラスの電荷とマイナスの電荷の間で引力がはたらいている様子、またプラスの電荷どうしで反発力がはたらいている様子を電気力線や地形図モデルでそれぞれ表したものです。

電気力線を示す同図（a）は、油の中に短くて細い繊維を浮かせ電場の方向に並ばせた様子を描いたものです。磁場の様子を再現した砂鉄のように、繊維の動きを通して電場の様子を「見る」ことができます。同図（b）の線画の電気力線には「等電位線」（とうでんいせん）という文字が見えますが、これは地形図でいう等高線に相当するものです。同図（c）では、電場の源である電荷 Q がプラスの場合は、そこには山ができ、マイナスの場合は「谷」になるというイメージです。この山や谷をまるでボールが転がるように、プラスの電荷 q が動いていくのです。

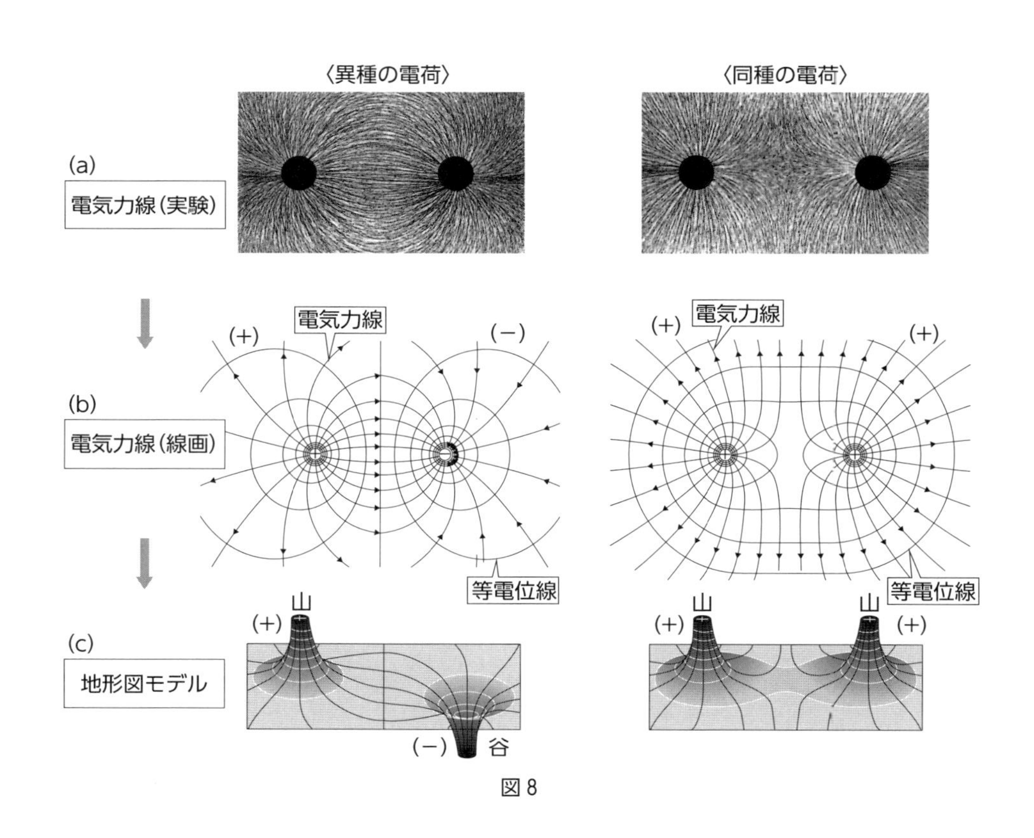

図8

以下、地形図モデル（図8(c)）を用いてP39の例題1の解説を行いましょう。

図2ではQと$\frac{Q}{4}$という二つのプラスの電荷が置かれています。まずこの様子を地形図モデルで表すことからはじめましょう。プラスの電荷どうしは図8(c)の右図のように二つの山になり、山の高さは電荷の大きさで決まります。大きい電荷ほど山は高いのです。すると、「二つの山ができており、電荷Qの方が高い山」となります。この様子を上空から見ると図②になりますね。これが問1の答えです。

問2や問3も、図2を地形図モデルで表した図8(c)の右図をイメージしながら解くことになります。

問2は、高さの違う二つの山、Qと$\frac{Q}{4}$の間にボールを置くと、このボールがどこかで動かなくなる、その場所はどこですかという問題です。こう考えると図9のように、「ボールは低い山の側にあるな」ということがわかりますね。その後の具体的な計算は、クーロンの法則の出番です。せっせと計算すれば次のようになります。

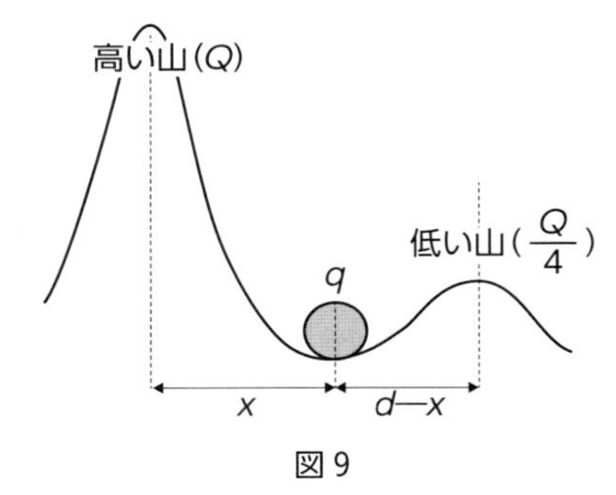

図9

$$f = k\frac{Q \times q}{x^2}$$ ←高い山からボールが右へ転がる様子(力)

$$f = k\frac{\frac{Q}{4} \times q}{(d-x)^2}$$ ←低い山からボールが左へ転がる様子(力)

ボールがどちらにも転がらないとは、上の二つの力が同じならよいのです。そうすると、求める場所は$x = \frac{2}{3}d$と求まります（図9では高い山Qからの距離をxとしています）。細かな計算は、理科ではなく数学の問題です。

問3は、第三の点電荷を電荷qとすると、電荷qがマイナスになることに注意してください。この三つの電荷にはたらく力は図10のようになっています。まるで綱引きをしているようです。同図から、Qや$\frac{Q}{4}$には同じ力がはたらいていることがわかります。

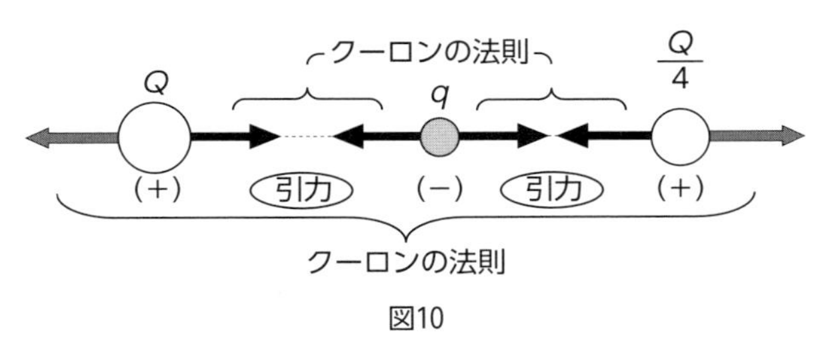

図10

いかがでしょう。プラスとマイナスではお互い引き合い、プラスどうしでは反発し合う様子が、よりリアルに伝わってきます。

電気力線の本数と電場の強さ

さて、ここまでみてきた電気力線の特徴は以下のとおりです。

①電気力線上の各点での接線が、その点での電場の方向を示す。
②電気力線は、途中で発生したり消滅したりしない。
③電気力線は、途中で折れ曲がったり、枝分かれしたり、交差したりしない。
④電気力線の本数が多いほど、その場所の電場は強くなる。

電場の強さは、地形図モデルでは山の傾斜の大きさで表せましたが、次に電気力線の本数で表すことを考えます。

たとえば、図11で、A点やB点に大きさ1のプラスの電荷を置くと、その電荷の動きで、A点、B点での電場の大きさと向きを確かめることができます。このような電荷（大きさ1のプラスの電荷）のことをテストチャージとよんでいます。

A点やB点のところには、同じ大きさの面積の板（たとえば1 m^2の面積の板）が電気力線と直角に交わるように置いてあります。このとき、A点では3本の電気力線が、またB点では1本の電気力線が通過していますが、実は、この本数こそがその点での電場の大きさを表しています（電気力線は、そのように引いてあるのです）。

このように電気力線の本数を数えさえすれば、その点での電場の大きさ（強さ）がわかり、ひいてはその電場を生んでいる電荷 Q の大きさがわかるという仕組みです。

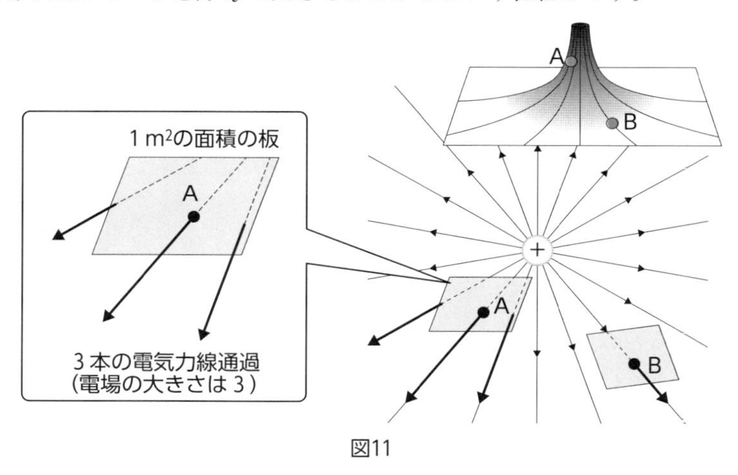

図11

次の例題はまさにそのことを突いた問題です。これは第3種電気主任技術者の国家試験問題です。

国家試験問題（2007年度第３種電気主任技術者試験／理論Ａ問題・問３）

図12に示すように、誘電率ε_0〔F/m〕の真空中に置かれた静止した二つの電荷Ａ〔C〕及びＢ〔C〕があり、図中にその周囲の電気力線が描かれている。

電荷Ａ＝16ε_0〔C〕であるとき、電荷Ｂ〔C〕の値として、正しいものは次のうちどれか。

（1）16ε_0　（2）８ε_0　（3）－４ε_0

（4）－８ε_0　（5）－16ε_0

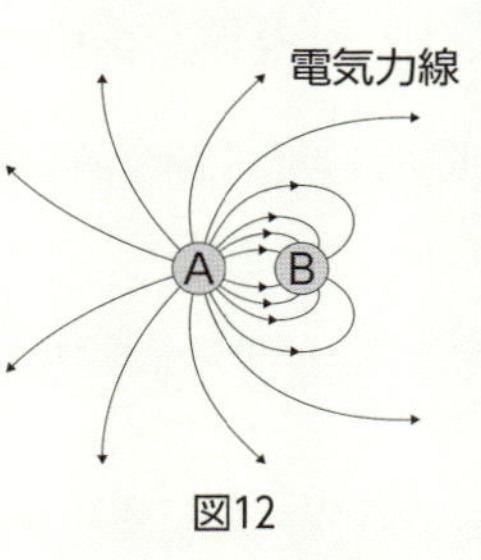

図12

解答▶(4)

解　説　解くための基礎・基本

電気力線の特徴から考えてみましょう。

①電気力線はプラスの電荷から出て、マイナスの電荷に入る　**【←電気力線の向き】**

②電気力線の本数が電荷の量（大きさ）を表す　**【←電気力線の本数】**

この二つから答えは、即座に「（4）－８ε_0」とわかります。見てすぐに解けるのです。これが「イメージとモデルによるざっくり理解」の強みです。

02 電圧は電気のエネルギー（地形図モデルで電圧の意味を考える）

電位、等電位線……地形図モデルの等高線

電圧の単位はボルト〔V〕です。乾電池の電圧は1.5 Vだということはご存知の方も多いのではないでしょうか。しかし、このボルトという単位がエネルギーの単位であるジュール〔J〕やカロリー〔cal〕と関係がある。それどころか、エネルギーの単位そのものだということはあまり知られていません。「電圧とは電気のエネルギーである」ことをイメージ豊かに学び取ることがこの節の目的です。第３章の柱になるところです。

第１節で導入した地形図モデルをよりどころに、電気のエネルギーとしての電圧について考えてみることにしましょう。まずは、大学入試予想問題にチャレンジです。

例題 2　大学入試予想問題

図13は、２点P、Qに二つの電荷を置いたとき、それがつくる電場の様子を示している。等電位線の間隔を調べると、「＋２Cの電荷を、等電位線 l から m まで運ぶのに４Jの仕事をしなければならない」という。A、B、C、……G、G′は、それぞれ図中の点であるとして以下の問いに答えよ。

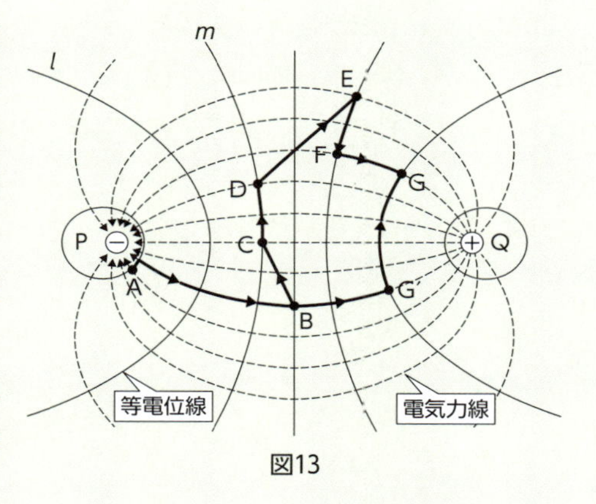

図13

問１　点P、点Qの電荷の大きさを、それぞれ p、q とすると p、q はどのような関係か。次の中から一つ選べ。

ア　$p = q$　　イ　$p < q$　　ウ　$p > q$

問２　次の文の（　　）に適当な数字を入れよ。

等電位線は、（　　）Vごとに引かれているから、＋１Cの電荷をAからBまで運ぶのに（　　）J、BからCは（　　）J、CからDは（　　）J、DからEは（　　）J、EからFは（　　）J、FからGは（　　）Jの仕事がそれぞれ必要である。

問３　＋１Cの電荷を、A→B→G′→Gのコースで運んだときの仕事は何Jか。

これは、同じ＋１Cの電荷をA→B→C→D→E→F→Gのコースで運んだときと比べて楽だろうか。

問４　＋１Cの電荷を、B→C→D→E→F→G→G′→Bのコースで一周させた。このときの仕事量を求めよ。

解答例▶　問１ ア　問２ 2、6、－2、0、4、0、2　問３ 10J、同じ　問４ 0J

例題のねらい　なぜ難しいと感じるのか

例題２では、まず正や負の電荷がつくる電場のようすを平面図（図13）で示し、その中で点Ａから点Ｂのように指定された道に沿って電荷を運ぶときの仕事の量を問題にしています。この図の中には、次のように問題を解くうえでの必要な情報がすべて含まれています。

①**【等電位線の間隔】**一つの間隔につき１Ｃの電荷を運ぶのに２Ｊの仕事が必要。

②**【電圧】**１Ｃの電荷を運ぶのに必要な仕事を電圧という。２J/Cを２Ｖと表す。

③**【等電位線に沿っての仕事】**仕事は不要。

④**【正電荷・負電荷】**負電荷のあるＰ点（谷底）から正電荷のあるＱ点（山頂）に向けて正電荷を運ぶには仕事が必要。

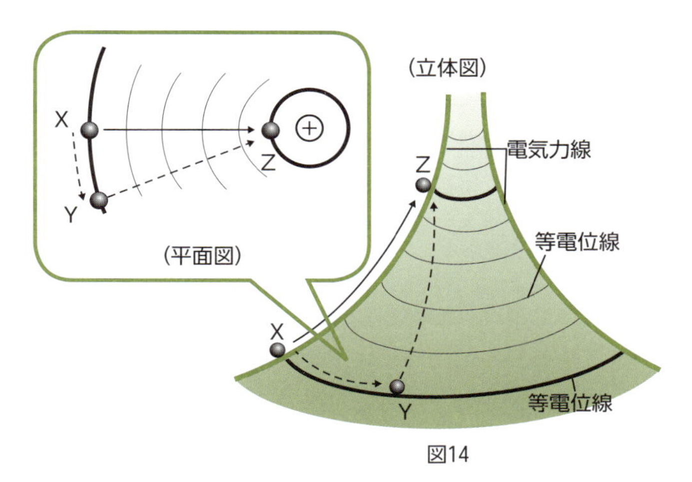

図14

①～③は等電位線、④は電気力線についての情報ですが、平面図だけでは、なかなか伝わってきません。イメージがわかないのです。

では、この「電気の地形図」を、私たちにとってなじみ深い山や谷、さらには等高線で区切られた「地形図」に置きかえられたらどうでしょう。図14がそれで、平面図を立体的に表したものです。ここではＸ点からＺ点まで正の電気を運ぶ方法として

ルート１：　Ｘ点からＺ点へダイレクトに持ち上げる（黒の実線で示したところ）

ルート２：　Ｘ点からＹ点経由でＺ点まで持ち上げる（黒の破線で示したところ）

という二つのルートを考えていますが、どちらのルートを取ろうが５本の等電位線を越えて持ち上げるしんどさは変わらない（同じ仕事だ！）ということがいきいきと伝わってきます。ちなみに、例題２の解きほぐしとは、まさに「電気の世界の地形図（平面図）」を「私たちの世界の地形図（立体図）」に置き換えることに他なりません。地形図モデルの活用に焦点をあてています。

小・中学生用問題

＋１Ｃ（クーロン）の電荷を、図15の二つのルート（道）でＸ点からＺ点まで運ぶことにします。

ルート１：Ｘ点からＺ点まで直接持ち上げる

ルート２：Ｘ点からＹ点を経由してＺ点まで持ち上げる

このとき、次の知識を使って下の問いに答えなさい。

①＋１Ｃの電荷を電場に逆らって、等電位線を一つ持ち上げるには２Ｊ（ジュール）の仕事が必要。

②電荷は同じ等電位線の上を自由に移動できる（仕事は不要）。

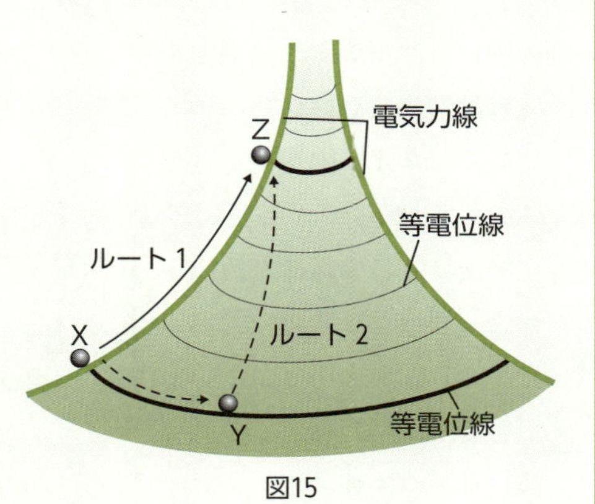

図15

問１　＋１Ｃの電荷をルート１を使って、Ｘ点からＺ点まで持ち上げました。このときの仕事はいくらになりますか。

問２　＋１Ｃの電荷を二つのルートで持ち上げました。どちらのルートの方が仕事が楽ですか。

問３　＋１Ｃの電荷をルート１でＸ点からＺ点まで持ち上げ、帰りはルート２の逆のコースでＺ点からＸ点まで戻しました。このとき、＋１Ｃの電荷にした仕事の合計はいくらになりますか。

解答例▶　問１　10Ｊ　問２　同じ　問３　０Ｊ

解　説　解くための基礎・基本

例題２の解きほぐしの図15は、地形図モデルそのものですから、Ｘ点からＺ点まで電荷を持ち上げているという実感がわきます。それでも、電荷とか、等電位線とか、＋１Ｃ（クーロン）という電気の世界特有の用語が気になってしまって難しい、解けないという印象がぬぐい切れないときは、思い切って次のように考えてはどうでしょう。

たとえば、ルート２のコースでは、1kgの物体をＸ点を出発点とし、Ｙ点を経由してＺ点まで重力に逆らって持ち上げるという仕事にするのです。このときの等高線は、次のように約束します（図16参照）。

等高線の間隔：１kgの物体を運ぶのに２Ｊの仕事を必要とする間隔

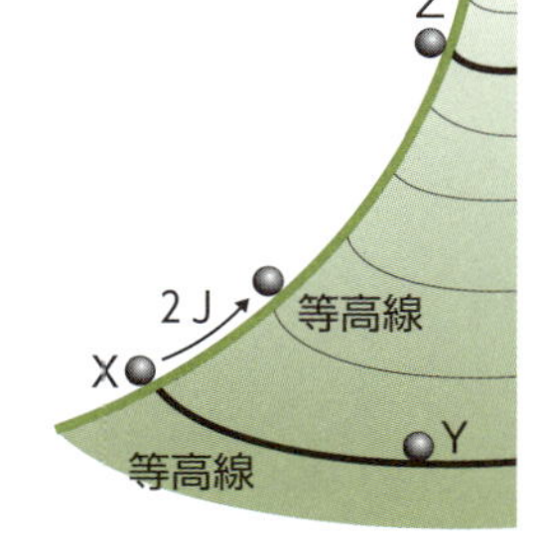

図16

ですから1kgの物体を持って、ある場所から山頂の方を向いて等高線を３本超えれば6Ｊの仕事をしたことになり、超えた等高線の本数さえ数えればよいことになります。2 kg の物体ですと、1 kg ずつ 2 回に分けて運べばよく、合計 12 J の仕事をしたというわけです。

X 点→Y 点と等高線に沿って運んだ場合はどうでしょう。このときは、重力に逆らって持ち上げたことにはならず、同じ等高線上ならいくら移動させても仕事は 0 J のままです。

問 3 の「1 kg の物体をルート 1 で X 点から Z 点まで持ち上げ、帰りはルート 2 の逆のコースで Z 点から Y 点、そして Y 点から X 点の順に戻る」場合には、等高線の間隔（仕事の基準）や等高線の本数に加えて、山頂に向かって運び上げるときの仕事をプラス、下ろすときの仕事はマイナスにするという区別が必要になります。

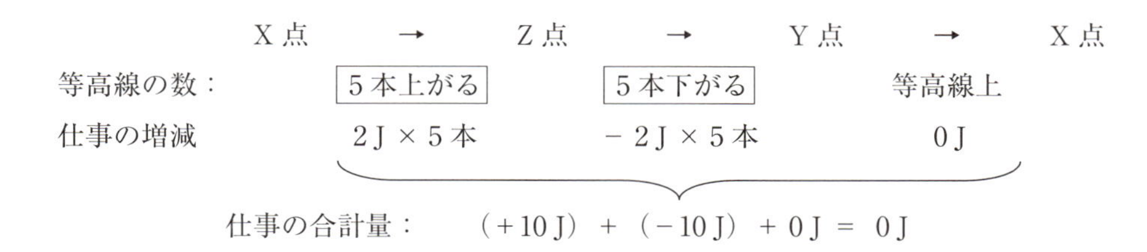

	X 点 → Z 点	Z 点 → Y 点	Y 点 → X 点
等高線の数：	5 本上がる	5 本下がる	等高線上
仕事の増減	2 J × 5 本	− 2 J × 5 本	0 J

仕事の合計量：　（+10 J）+（−10 J）+ 0 J = 0 J

この収支計算から 0 J が必要な仕事の量になります。等高線（等電位線）の数の増減が 0 ということからもうなずけます。

身近な地形図に置き換えさえすれば、電気の世界での仕事をもイメージ豊かにとらえることができるのです。では次に、地形図モデルを活用して電圧の意味について考えます。電圧という用語は小学校では登場しませんが、地形図モデルを片手に果敢にチャレンジしてみましょう。

【解くための基礎・基本】

中・高等学校レベル　地形図モデルで電圧を考える

●電位は電気の位置エネルギー

図17は、二つの正電荷（Q と q）の間にはたらく電気的な力を地形図になぞらえて、「山の頂きから転がり落ちるボール」をイメージして描いたものです。ここには**等電位線**が描いてありますが、これは、地形図でいうと等高線（同じ高さの場所を表す線）に相当するものです。

では、図17の A 点にある電荷 q をそれぞれの経路に沿って B 点や C 点に移動させる仕事について、図18を用いて考えてみましょう。図18の①や②はそれぞれ以下を表しています。

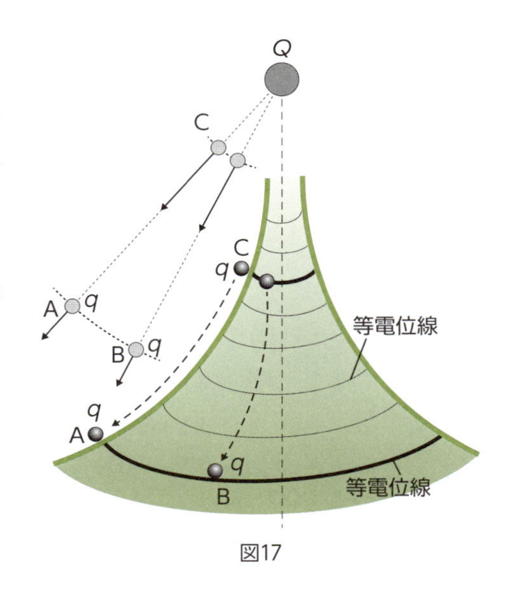

図17

① A 点から C 点への動き（山の駆け上がり）
　→ 異なった等高線間の移動

② A 点から B 点への動き（横の移動）
　→ 同じ等高線上での移動

まずは、経路①についてです。このときは、重力に逆らって物体をA点からC点まで運び上げる必要があります。A点にある物体に仕事をしてC点にまで運び上げるのですから、C点にある物体はA点にある物体よりも運び上げた仕事の分だけエネルギーが大きいことになります。「C点にある物体は、A点まで落下することによって、他に対して仕事をし返すことができる」。このように、エネルギーとは仕事ができる能力のことをいうのです。では、この関係を記号で表してみましょう。

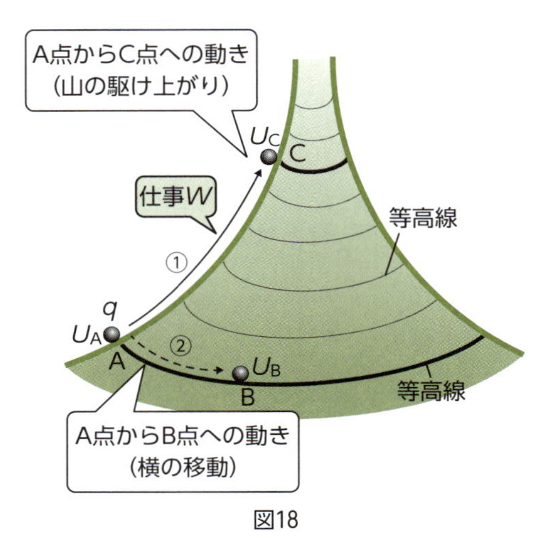

図18

U_C	=	U_A	+	W
C点でのエネルギー		A点でのエネルギー		加えた仕事

ここで、U_CやU_AはC点やA点での物体の持つエネルギーの大きさを表す記号です。

では、経路②の物体をA点からB点にまで移動させる場合はどうでしょう。同じ等高線上での移動ですから、重力に逆らって動かす必要はありません。仕事をする必要にないのです。ですから、A点とB点とでは物体の持つエネルギーに差はありません。

U_A	=	U_B
A点でのエネルギー		B点でのエネルギー

これは電気の世界でも同じです。Q（山頂）に近い場所にある電荷ほど、その電荷のもつエネルギーは大きいのです（$U_C > U_A$）。このエネルギーは場所（位置）によって決まるので、**位置エネルギー**とよばれています。特に、電荷の大きさqが1クーロン〔C〕、これはたとえば質量で言えば1キログラム、また体積で言えば1リットルのような電気量の単位なのですが、この1クーロンの電荷がもつ電気の位置エネルギーのことを**電位**（でんい）とよんでいます。ですから等電位線とは、この線の上での電位、すなわち電気の位置エネルギーが等しい場所をいいます。

●電圧は電位の差

これで電位の意味がわかりました。次に「電位の差」について考えてみましょう。図19で、二つの等電位線A、Bを考えます。山頂に近い等高線ほど位置エネルギーは大きく、ボールがAからBに斜面に沿って転がり落ちるとき、このボールは他の物体に対して仕事をすることができます。このボールが物体にした仕事はAとBの位置エネルギーの差として求められます。エネルギーの単位はジュール〔J〕ですから、たとえば

Aの位置エネルギー（U_A）：U_A = 10 J、 Bの位置エネルギー（U_B）：U_B = 5 J

とすると、このときの仕事の量は

仕事の量 W ＝ A の位置エネルギー U_A － B の位置エネルギー U_B

から5Jとなります。つまり、A点からB点まで落下したとき、ボールは外部に対して5Jの仕事をしたことになります。計算そのものは引き算だけですから難しくはありませんね。

電気についても全く同じことが成り立ちます。これが地形図モデルの強みです。Aの電位 U_A とBの電位 U_B の差、すなわち

A の電位 U_A － **B の電位 U_B**

のことを**電位差**（でんいさ）とよんでいますが、実は、この電位差が**電圧**（でんあつ）に他ならないのです。つまり、電圧とは1クーロン〔C〕の電荷がA点からB点まで移動する際に他に対してする仕事のことなのです。

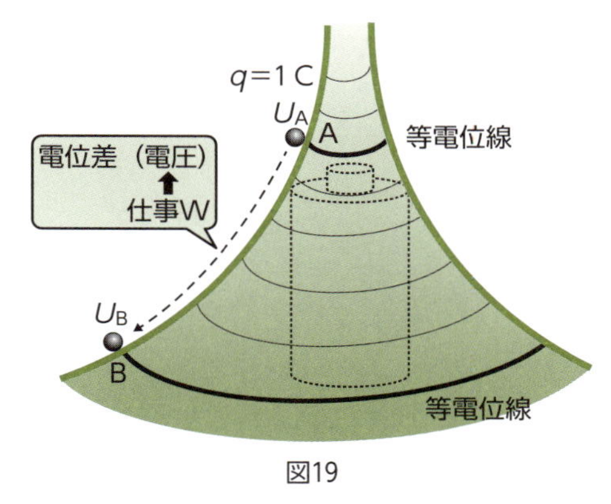

図19

【解くための基礎・基本】
小学校レベル

乾電池の電圧1.5ボルトを科学する

小学校では電圧は学習しませんが、電池は4年生に登場します。市販されている乾電池は1.5ボルト〔V〕ですが、この1.5という数値や単位は何を表しているのでしょう。

電圧＝電位差

＝高い電位（電池の＋極）－ 低い電位（電池の－極）

しかも、電位（電気の位置エネルギー）とは1クーロン〔C〕の電荷が持つ電気のエネルギーでしたので、このことを強調して

高い電位（電池の＋極）－ 低い電位（電池の－極）

＝ 1.5 J/C

と表します。

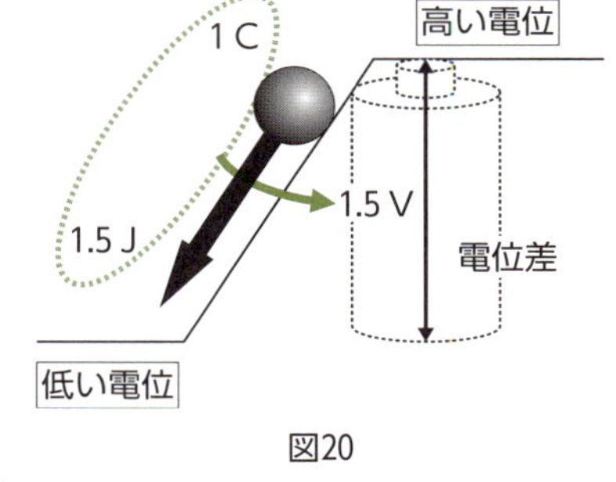

図20

この単位〔J/C〕（ジュール毎クーロン）は1クーロン〔C〕あたり1.5ジュール〔J〕の仕事ができるという意味です。電圧の単位はボルト〔V〕を用いますが、実はジュール毎クーロン〔J/C〕のことをボルト〔V〕と表していたのです。1クーロンあたり1.5ジュールの仕事ができるわけですから、もし乾電池1個で2クーロンの電荷を運んだならば、この乾電池のした仕事は、

1.5 J/C × 2 C ＝ 3.0 J

となります。電池とは、豆電球やモーターに電流を送り込み、明かりをつけたり、荷物を運んだりという仕事をする「エネルギー供給器具（電源）」のことなのです。

03 電気回路の学び方（地形図モデルの活用）

電圧に着目した色分け法……公式を使わない方法

地形図モデルによって電圧の意味が明らかになりました。乾電池の電圧1.5 V とは、豆電球などの器具に供給しているエネルギーが1.5 J/C（ジュール毎クーロン）であることを指していたのです。

本節では、エネルギーの供給源としての乾電池のはたらき、また電気のエネルギーの差という電圧の意味を使えば、電気回路の問題がいとも簡単に解けることを紹介しましょう。

まずは例題にチャレンジです。実は、例題３は小学生が受ける中学校入試の問題で、電気回路がテーマです。小学校ではオームの法則は習わないのですが、それでも解けてしまうのです。ここには、オームの法則を理解するための大きな「鍵」がかくれています。

例題３ 中学校入試問題（1997年度岡山白陵中学校入試問題）

図21のように、電池とたんし（A、B、C、D）と同じ豆電球（E、F、G）を導線でつないで回路をつくりました。次の問に答えなさい。ただし、電池の－極はたんしＡ側につないであります。また、たんしは、導線などをつなぐための金属のねじがついたものをいいます。

たんしＡとＢを導線でつなぎました。このとき、

①点灯する豆電球をすべて答えなさい。

②豆電球のうち、最も明るいのはどれですか。

③たんしＡとＢを導線でつないだまま、さらにたんしＡとＤを導線でつなぎました。このとき、三つの豆電球はどのようになりますか。

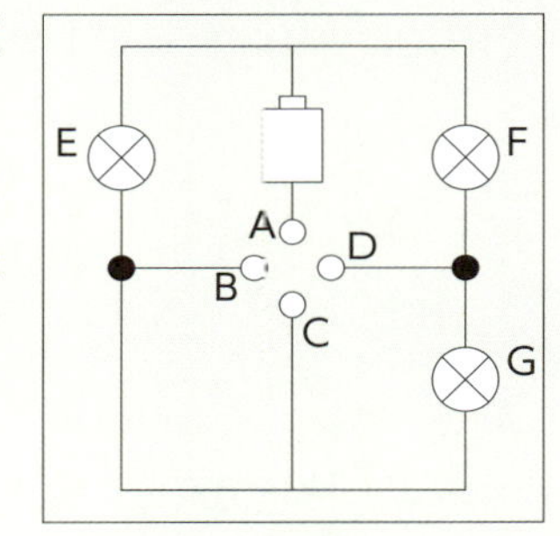

図21

解答例▶ ① E、F、G ② E

③ Eの明るさは変わらない。FはEと同じ明るさになる。Gは消える。

例題のねらい なぜ解けないのか

小学生対象の問題ですから、使われている用語、また言い回しはやさしく、「意味がわからない」ということはありません。だからといって問題が解けるかというと、そう簡単ではない。おそらく、まずは「何から手を着ければよいのか」、「考えるきっかけは何か」が見つからないといった状態ではないでしょうか。知っている法則名や公式を並べ立てても、問題自体、それらが使えるような解きほぐしの状態になければ使えないのです。ここでいう「解きほぐしの状態」とは、次の①、②を指しています。

①用語のはたらきに注目して、やさしい言葉で言い換える。【→第１章の例題参照】

②文章を図で表したり、与えられた図を問題に適した形に書き換える。

ここでは②に着目することになります。イメージに訴え、問題の意図を丸ごと理解するための解きほぐしです。

小・中学生用問題

図22のたんしＡとＢをつないだとき、三つの豆電球Ｅ、Ｆ、Ｇがつきました。明るさの順は、豆電球Ｅが一番明るく、ＦとＧは同じ明るさでした。

図23は図22の電気のエネルギーの大きさ（電位）の変化を立体的に表したもので、色のついた線は、それぞれ次のエネルギーを表しています。

①濃い緑：電池の＋極のエネルギー（最大の1.5 V）

②薄い緑：豆電球Ｆで消費された後のエネルギー

③グレー：電池の－極のエネルギー（最小の０V）

このエネルギーの変化の様子がわかるように、図22の回路を色分けして表してください。

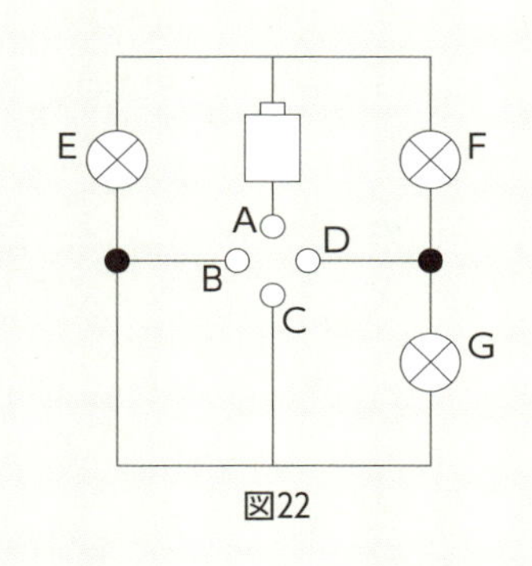

図22

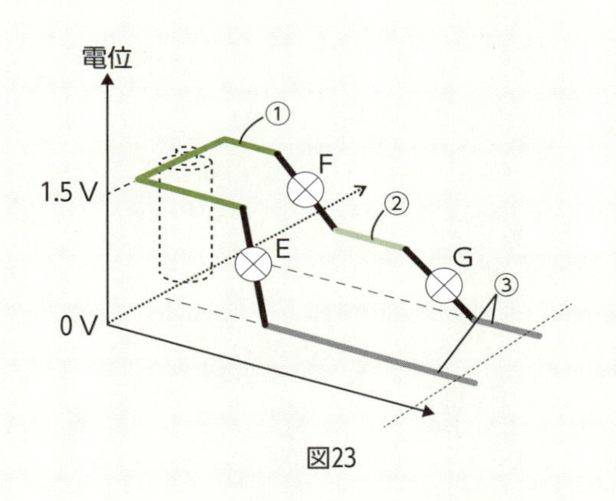

図23

解答例▶　図24を参照。

解　説　解くための基礎・基本

さて、ここでは「電池のはたらき」と「三つの豆電球で消費されるエネルギーの大小関係」がテーマです。電池によって送り出された電気のエネルギーが、三つの豆電球にそれぞれどのように分配され消費されたかがポイントになります。

このエネルギーの供給と消費の関係をわかりやすく表したのが図23や図24(左)です。豆電球Ｅでは電池の供給した1.5 Ｖがまるまる消費され、一方、豆電球ＦとＧでは、電池の供給した1.5 Ｖを分け合って消費されることが表されています。色でエネルギーの大きさを区別すると、さらにわかりやすくなります。図24(左)はエネルギーの消費の様子を立体的に表した地形図だといってもよいでしょう。

一方、この電池によるエネルギーの供給と豆電球によるエネルギーの消費の様子を、平面図である図22の回路に色分けして表したのが図24(右)です。三色で電位の違いを区別しています。

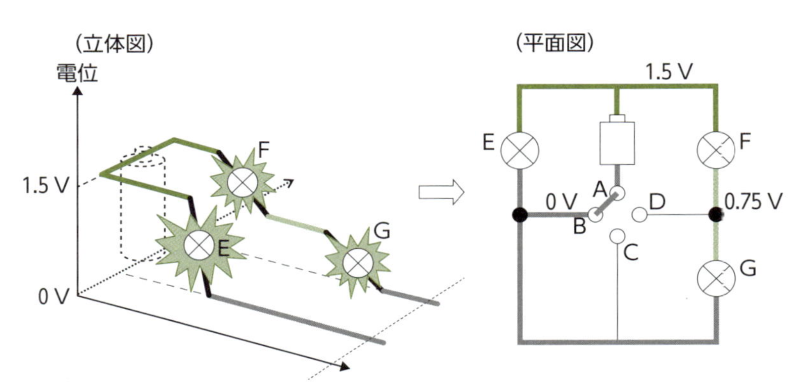

図24　エネルギーの供給と豆電球による消費の関係

図25のように、豆電球Ｅの前後では、導線の色が濃い緑（1.5 V）からグレー（０V）に変化していますので、その差の1.5 V のエネルギーが豆電球Ｅで消費されたことがわかります。豆電球Ｆでは導線の色が濃い緑（1.5 V）から薄い緑（0.75 V）に変化し、豆電球Ｇでは導線の色が薄い緑（0.75 V）からグレー（０V）に変化しています。それぞれその差の0.75 V のエネルギーが豆電球ＦとＧで消費されたことになります。このエネルギーの消費量は、三つの豆電球Ｅ、Ｆ、Ｇに等しい電流（水流モデルでは斜面を下る水の勢い）が流れたときの値です。もし、二つの経路で流れる電流の大きさが違っている場合は、その流れる電流の大きさも考慮する必要があります（探究 参照)。

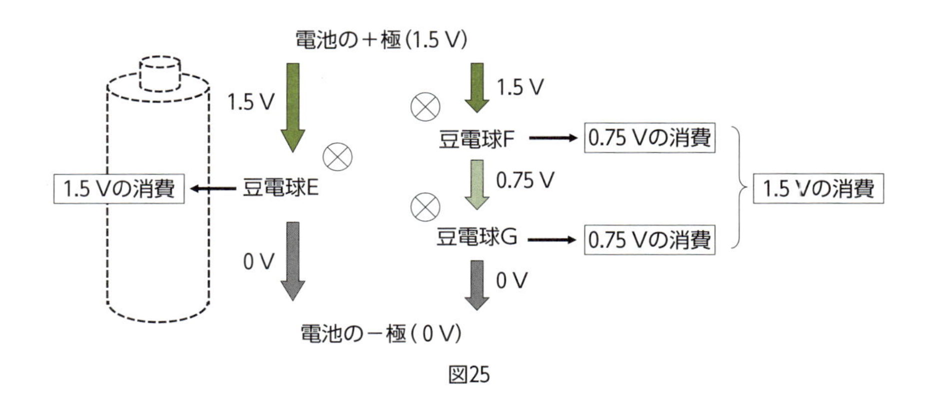

図25

なぜでしょう？　そもそも電圧の単位ボルト〔V〕は、ジュール毎クーロン〔J/C〕がその中味でした。豆電球で1.5 V のエネルギーが消費されたとは、豆電球に１C の電気量が流れていてこその話です。もし、２倍の２C の電気量が流れていれば、消費されるエネルギーも２倍の３J です。式で表せば次のようになります。

豆電球で消費されるエネルギー	=	豆電球の両端の電位	×	流れる電気量
ジュール〔J〕		ボルト〔V〕(〔J/C〕)		クーロン〔C〕
		⇧ 色で区別		

では、電位（電気のエネルギー）を色分けした図26から何が読み取れるでしょうか。ここでまとめておきましょう。

・電池の＋極が最もエネルギーが大きい。**【濃い緑の線】**
・電池の－極が最もエネルギーが小さい。**【グレーの線】**
・（最大エネルギー **【濃い緑の線】**）－（最小エネルギー **【グレーの線】**）が1.5 V。
・導線でエネルギーが消費されることはない。
・豆電球ではエネルギーが消費される（豆電球を超えると導線の色が変わる）。

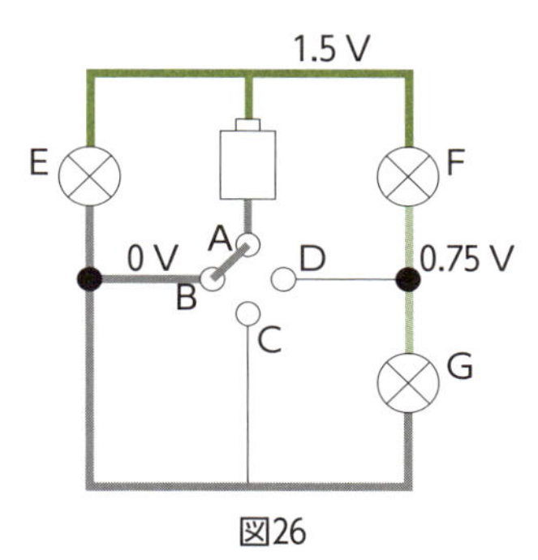

図26

ちなみに同図では次のようになります。

豆電球Ｅの前後：【濃い緑の線】→【グレーの線】
豆電球Ｆの前後：【濃い緑の線】→【薄い緑の線】
豆電球Ｇの前後：【薄い緑の線】→【グレーの線】

エネルギーの大小関係
【濃い緑の線】＞【薄い緑の線】＞【グレーの線】
（【濃い緑の線】－【グレーの線】＝1.5 V）

このことに注意して、図27に回路図を色分けするコツを示しましょう。乾電池の＋極から出ている線、－極から出ている線を先に引いてしまうことが大切です。

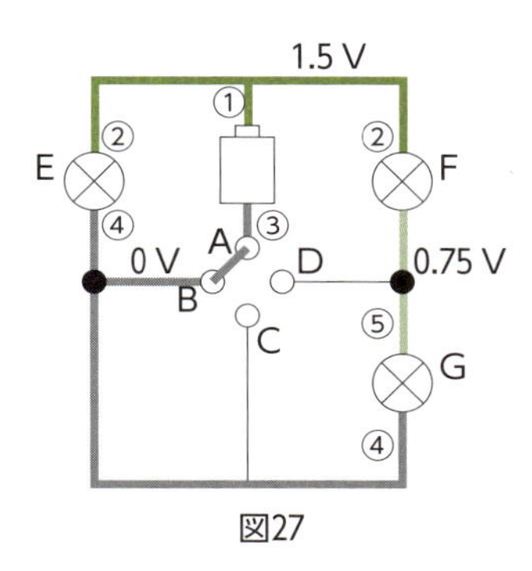

図27

①電池の＋極から出ている線の色を決める（ここでは濃い緑色）。
②①の線を豆電球にぶつかるところまで引く。
③電池の－極から出ている線の色を決める（ここではグレー）。
④③の線を豆電球にぶつかるところまで引く。
⑤豆電球と豆電球を結ぶ線は、①や③とは違う色にする（ここでは薄い緑色）。

電球の明るさの目安、電力の単位ワット〔W〕について

電球の明るさを表す目安として、例えば60 W の電球のように、〔W〕（ワット）という単位が用いられています。これは、この電球に電圧をかけ電流を流したとき、1秒間あたり60ジュール〔J〕のエネルギーに相当した光や熱が出ることを示しています。

例題3の豆電球Eの電位の差（電気のエネルギー差）は、1.5ボルト〔V〕でした。これは、1秒間に1クーロン〔C〕の電荷が動いたときには、この豆電球で1.5ジュールのエネルギーが消費されるという意味です。じつは、電流の単位であるアンペア〔A〕は、1秒間あたり1クーロンの電荷が動くことを1アンペアと定めています。

ですから、例えば、1秒間に2クーロンの電荷が動いている場合には、2アンペアの電流が流れ、豆電球Eでは倍の3ジュールのエネルギーが消費されることになります。このエネルギーを**電力**（でんりょく）とよんでいます。

水の流れで考えると、電池（ポンプ）につなぐことで、水が流れる水路ができ、そこを流れる水の量によって水路で消費されるエネルギーが決まってくるといったイメージです。

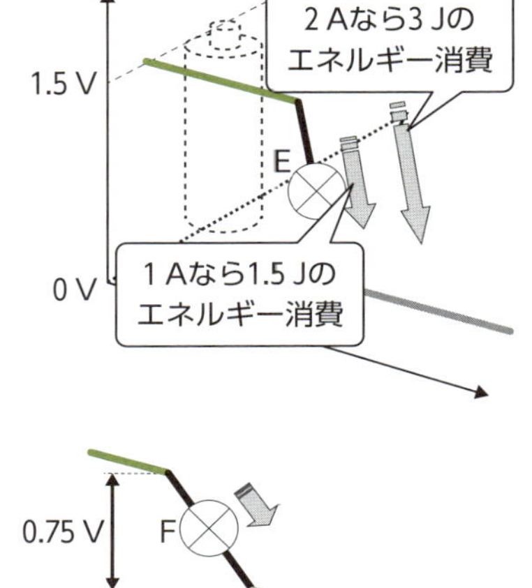

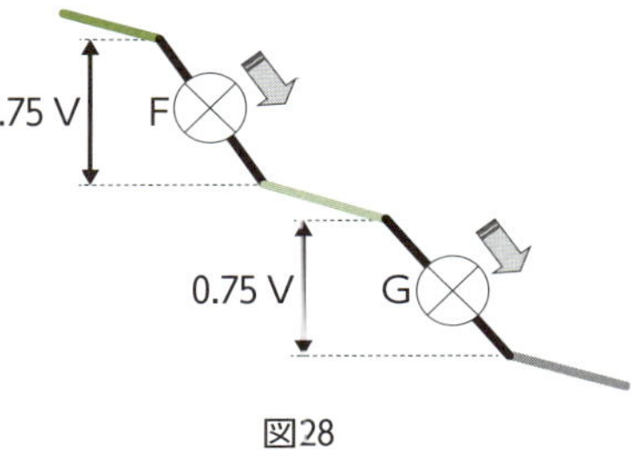

図28

ちなみに、豆電球FとGに流れる電流は、FとGの両端の電位の差（電圧）が豆電球Eの半分でしたので、電流も半分になります（流れる水の勢いが半分になるからです）。

電位の差（電圧）：豆電球FとGの電位差（電圧）はEの電圧の半分

流れる電流：豆電球FやGの電流はEの電流の半分

そうすると、豆電球FやGで消費されるエネルギーは豆電球Eと比べると「流す勢いが半分で、そこを流れる電流もまた半分」ということから、半分の半分、すなわち4分の1ということになります。

このように、豆電球で消費される電力は、電圧と電流の積、すなわち

電力〔W〕＝電圧〔V〕×電流〔A〕

で求められるのです。

ここで電力の単位のワット〔W〕についてみておきましょう。

電圧の単位のボルト〔V〕はジュール毎クーロン〔J/C〕でしたし、電流の単位アンペア〔A〕はクーロン毎秒〔C/秒〕です。この単位を、それぞれ電力を求める式に代入します。

電力〔W〕＝電圧〔V〕×電流〔A〕
＝〔J/C〕×〔C/秒〕
＝〔J/秒〕

1秒間あたりの発熱量としての電力が得られます。電池によって電流が流れる道ができ、そこを電流が流れる。両者の積で電力が決まるのです。

第4章

電動のしくみ

電磁石とモーターの
秘密を解き明かそう

01 さまざまな形の電流がつくる磁場（直線、円形、ソレノイドに流れる電流と磁場）

モーターの二つのはたらき……電動機と発電機、一台二役

図１は小学校理科で登場する手回し発電機です。非常用の電源として簡単に手に入れることができます。

手回し発電機は、文字どおりハンドルを手で回すことで発電できる「手動型発電機」です。ハンドルの部分をたとえば羽根に変えて、風で動くようにすれば風力発電機、また水車を使って流れ落ちる水の勢いで回せば水力発電機になります。

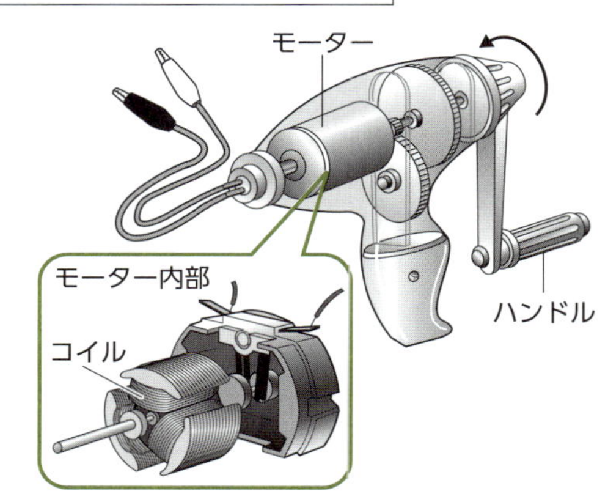

図１　手回し発電機

手回し発電機は身近な発電機なのですが、この中に入っている発電を行う所（銀色に輝いている装置）が、モーター（電動機）だと知っている人は案外少ないのではないでしょうか。モーターが実は発電機にもなるわけです。

手回し発電機の中に使われているモーターのはたらきを図２でみてみましょう。

同図(a)のように、乾電池などを使ってモーターに電流を流すと、モーター内部のコイルが回転し、手回し発電機のハンドルを回すという仕事ができます。このとき、モーターは電気エネルギーを仕事（力学的エネルギー）に変える電動機になっています。電流の流れは乾電池の＋極から出てモーターに入り、そして乾電池の－極に戻ります。

他方、同図(b)のように、手や風などを使ってハンドルを回転させるとコイル自身に電流が生

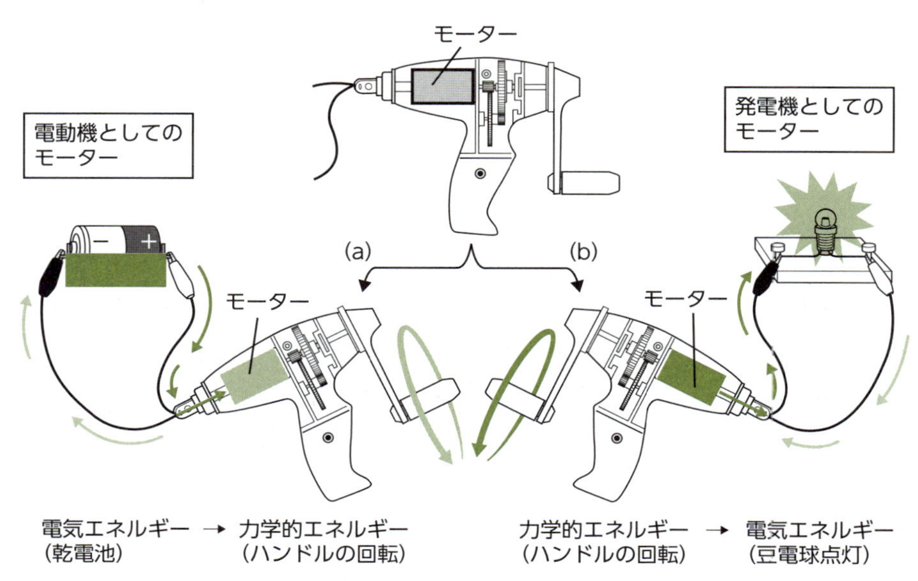

図２　モーターの二つのはたらき

まれ、豆電球を点灯させることができます。このとき、モーターは手や風の仕事（力学的エネルギー）を電気エネルギーに変える発電機になっています。電流の流れはモーターから出て豆電球に入り、再びモーターに戻ります。

このように、モーターには電気エネルギーを力学的エネルギーに変える「電動機」、また力学的エネルギーを電気エネルギーに変える「発電機」という二面性があるわけです。第4章は電動機（図2(a)）、続く第5章では発電機（図2(b)）の秘密にせまります。

ところで、電動機の原理とは何でしょうか。図3はモーターを分解して、その中身を取り出したものですが、磁石で覆(おお)われた容器の中にコイルが入っていることがわかります。コイルとは、導線を鉄心のまわりに何周も巻いた、いわば「導線のかたまり」です。モーターに電流を流すとこのコイルに電流が流れ、コイルが磁石の力を受けながら、ぐるぐると回転をはじめる、これが電動機のしくみです。まとめましょう。

①（乾電池などを使って）モーターに電流を流す　→　**②モーター内部のコイルに電流が流れる　→　③コイルとまわりの磁石の間に力がはたらく**　→　④コイルが容器の中で回転する　→　⑤ハンドルに力が伝わり、回転する

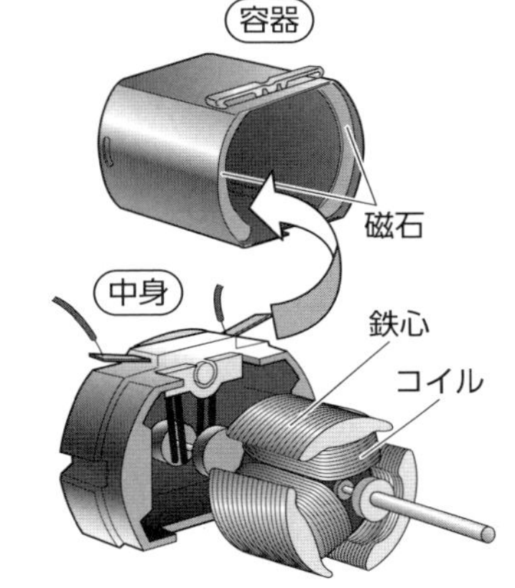

図3　モーター

電動機とは、コイルと磁石の間にはたらく力によって動く装置のことなのです。スイッチを切って、モーターに流れる電流を止めてしまうと、このコイルと磁石との間にはたらいている力がなくなるからコイルも回転せず、モーターが止まってしまうのですね。モーターの回るしくみについては、第3節で詳しく扱うことにします。

電流が流れると磁場ができる？……右ねじの法則

では、電流が流れているコイル（導線のかたまり）と磁石との間にはたらく力とは、どのような「力」なのでしょう。「磁石は鉄を吸いつけるから、その力で回っているんだ」と言う人もいるかもしれません。しかし、導線は銅でできていますし、またスイッチを切ってしまえばコイルと磁石の間には力ははたらきません。

そこで、磁石に反応するのは磁石だけだとすると、どうも電流が流れているコイル（導線）が磁石になって（これを電磁石といいます）、容器の中の磁石（天然磁石）と、同極どうし（N極とN極、S極とS極）は反発し、異極同士（N極とS極）は引き合うという、私たちがよく知っている「磁石と磁石の間にはたらく力」を及ぼし合っていると考えられそうです。「電流が流れている導線は磁石になる（**電磁石**）」、これが本章のキーワードです。

すると、「導線に電流がどう流れれば、どのような磁石になるか」が知りたくなります。次の大学入試問題は、まさにこの「知りたいこと」を聞いています。

例題1　大学入試問題

（2014年度大学入試センター試験／物理〔本試験〕第1問・問4、一部改変
2012年度大学入試センター試験／物理〔本試験〕第1問・問2、一部改変
2009年度大学入試センター試験／物理Ⅰ〔追試験〕第2問・B問3、改題）

次の文章中の空欄（　ア　）・（　イ　）に適当な記号を入れよ。また（その3）については図を描け。

（その1）**直線電流**：図4のように、幅の狭いアルミ箔（はく）をU字型に曲げてつるし、直流電源に接続して電流を流した。図4に示した右側のアルミ箔上の点Pには、左側のアルミ箔に流れる電流によって磁場が生じている。この磁場は図4の（　ア　）の矢印の向きである。（2014年度）

（その2）**円電流**：水平におかれたプラスチックの平板に二つの穴A、Bをあけ、円形コイルを固定した。図5のようにコイルに直流電流を流すと、コイルの中心付近に図5の（　イ　）の矢印の向きに磁場が生じた。（2012年度）

（その3）**ソレノイド**：　図6のように水平面上に x 軸と y 軸をとり、鉛直上向きに z 軸をとる。z 軸を中心軸としてソレノイド（密に巻いた細長いコイル）を固定し、矢印の向きに一定の電流を流す。ソレノイドの真上の z 軸上の点Aを通り y 軸と平行になるように銅線を固定する。ソレノイド内部にできる磁力線の様子を描け。（2009年度）

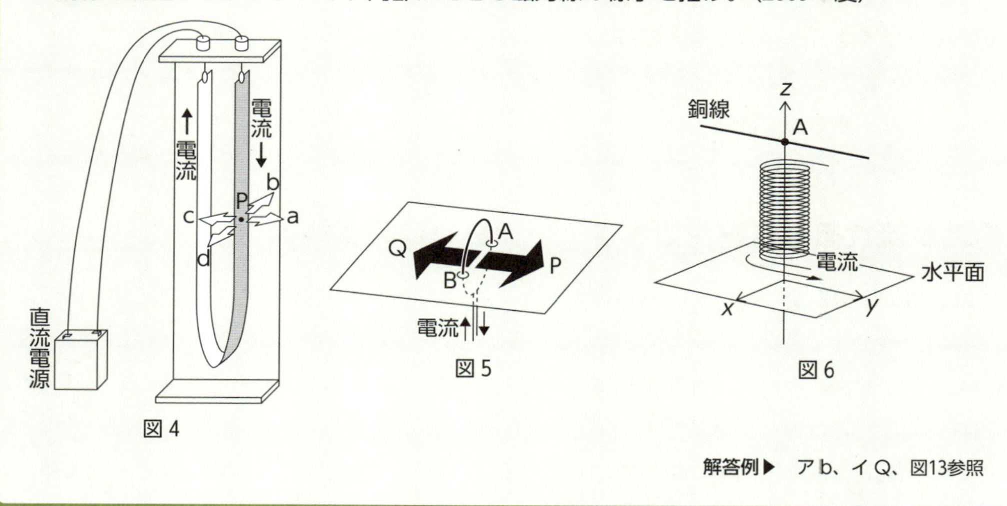

図4　図5　図6

解答例▶　アb、イQ、図13参照

例題のねらい　なぜ難しいと感じるのか

例題1は、内容としては小・中学校のレベルですが大学の入試問題として出されたものです。欲張って（その1）から（その3）まで三つも取り上げましたが、これらの違いは何でしょう。

（その1）導線の形が直線→まっすぐな導線に電流が流れたときにできる磁場

（その2）導線の形が円形→丸い導線に電流が流れたときにできる磁場

（その3）導線の形がソレノイド→ソレノイドに電流が流れたときにできる磁場

（ここでソレノイドとは、図6のように導線を円形に隙間（すきま）なく巻いた形のコイルのことです。）

ここにあげた三つの例は導線の形が違うだけで、いずれもこれらの導線に電流を流したとき、そのまわりにできる磁場の様子を聞いています。この「磁場の様子」という言葉には、実は次の二つの意味が込められています。

【磁場の向き】電流がある向きに流れると、磁場はどの向きにできるか。

【磁場の大きさ】何アンペアの電流が流れれば、どのような大きさの磁場ができるか。

電流の向きと磁場の向きの関係は小・中学校レベル、電流の大きさと磁場の大きさの関係は高等学校レベルです。例題1はいずれも電流と磁場の向きに関してのものですので、小・中学校のレベルだといえます。なお、これら三つの形（直線、円形、ソレノイド）は、いずれも小・中、高等学校で学ぶ導線の形の基本形です。

以下は、例題1の一番大切なところ、すなわち「電流の向きと磁場の向きの関係」だけをピックアップした例題1の解きほぐしです。

小・中学生用問題

図7、図8、図9の導線に矢印の向きに電流を流しました。このとき、導線のまわりには図のような磁力線の模様ができました。このとき、磁力線の向きはどのようになっていますか。磁力線に矢印をつけてください。またこれらの導線のまわりの磁場の様子から、棒磁石と同じような磁石になっているのは三つの図のうち、どの導線ですか。

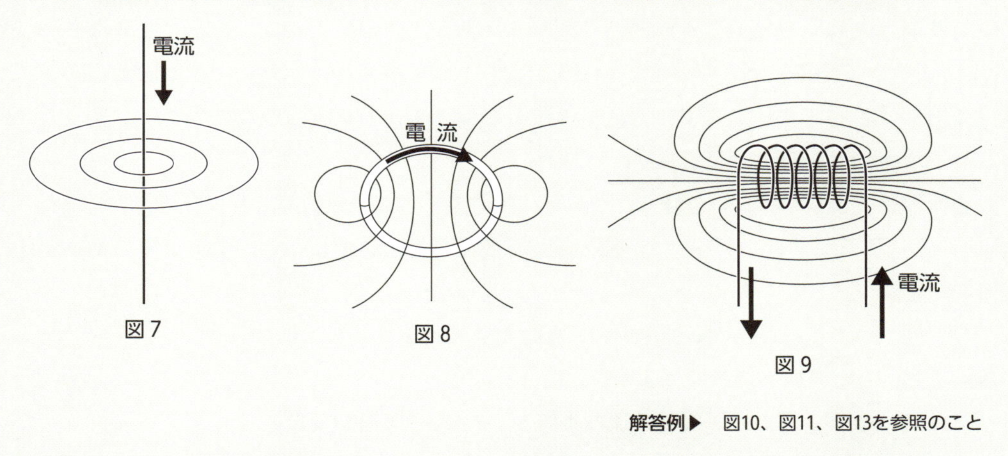

図7　図8　図9

解答例▶　図10、図11、図13を参照のこと

解　説　解くための基礎・基本

ずいぶん見やすくなりましたね。さて、解きほぐした例題のねらいは「電流の向きと磁場の向き（磁力線の向き）の関係」についてです。

直線電流（図7）、円形電流（図8）、そしてソレノイド（図9）については、カラフルな写真とともに導線のまわりに渦（うず）巻く磁力線の様子を記憶にとどめている小学生も多く、その中で、ソレノイド（鉄心入りコイル）を用いた実験は、電磁石の性質や特徴を印象づけるものとして、小

学校では特に大切に扱われています。これら三つの導線については、

直線 →（丸めると）→ **円形** →（束ねると）→ **ソレノイド**

という関係が成り立ち、順を追うことでさらにイメージしやすくなります。

【解くための基礎・基本】小・中学校レベル 電流の流れる向きと磁場の向きの関係

最も簡単な直線電流について考えましょう。電流がどう流れれば、そのまわりに磁場がどのようにできるかをイメージ豊かに表したものが、アンペールの**右ねじの法則**（Ampere's right-handed screw rule）です。

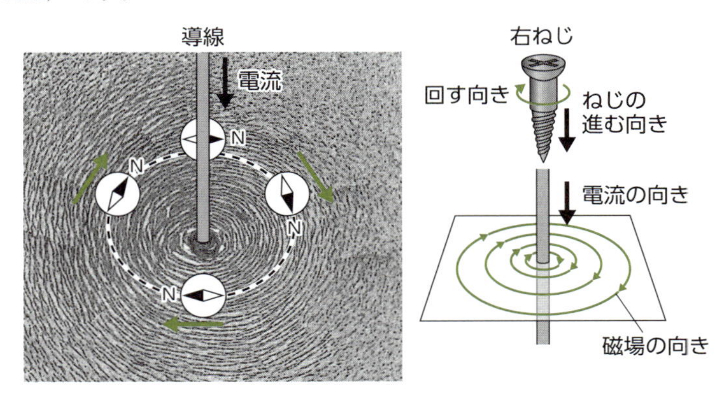

図10　直線電流と磁場

電流や磁場とねじとはもちろん関係はありませんが、図10のように、右ねじを導線に沿って「電流」が流れる向きに置いたとき、ねじを回す向きが、電流のまわりにできる磁場の向きに一致するというものです。ここでいう磁場の向きとは、図10の磁力線の上に置いたコンパス（磁針）のN極がさす向きのことです。

鉄粉を導線のまわりにまいて軽くたたくと、磁力を受けて鉄粉が力に沿って同心円状にならぶ（渦を巻く）様子がよく分かります。**磁力線**の模様を通して直線電流がつくる磁場の様子を見ているのです。

では、図11のように導線の形が円形の場合はどうでしょう。
導線のそれぞれの箇所（同図では３カ所）で

電流の流れる向き を **ねじの進む向き**

とおくと、

ねじを回す向き が **導線のまわりの磁場の向き**

となり、円形の導線の内側では下から上に弧を描くような磁場ができます。導線の外側では、磁場の向きは上から下になりますね。

特に円形の導線では、導線のそれぞれの箇所の電流がつくる磁場が強め合い、その結果、円の中心部分では下から上にまっすぐな磁場ができています。

ですから、図12のように円形の導線に左回りの電流が流れると、この円形の導線は、

「下の面から磁力線が入ってきて（→Ｓ極）、上の面から磁力線が出て行く（→Ｎ極）」

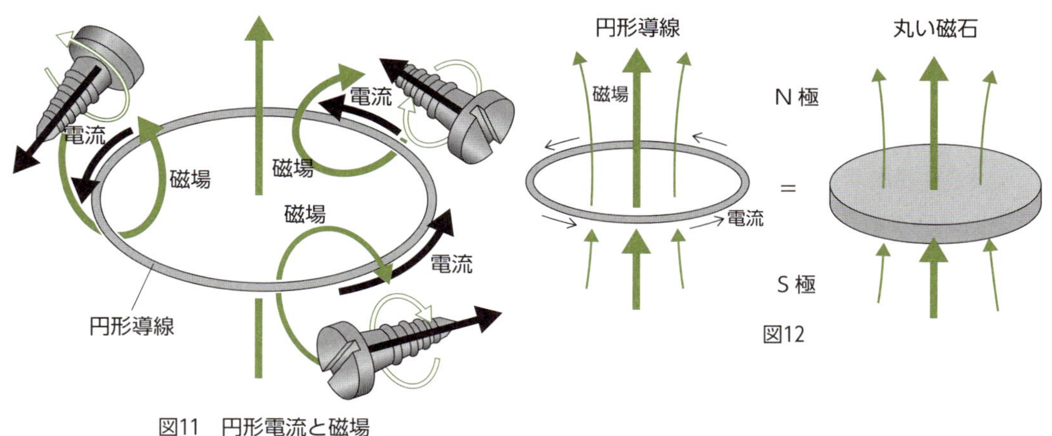

図11　円形電流と磁場

図12

という「丸い形をした磁石」と同じ磁力線の模様を描くことになります。また、磁石とは違い、流す電流の大きさや向きを変えるだけでN極とS極の強さ、またその向きをひっくり返すこともできるのです。

ソレノイドは、この円形の導線を重ねたものと考えればよいでしょう。ソレノイドのまわりにできる磁力線の様子から、この電磁石は棒磁石だと見なすことができます（図13）。

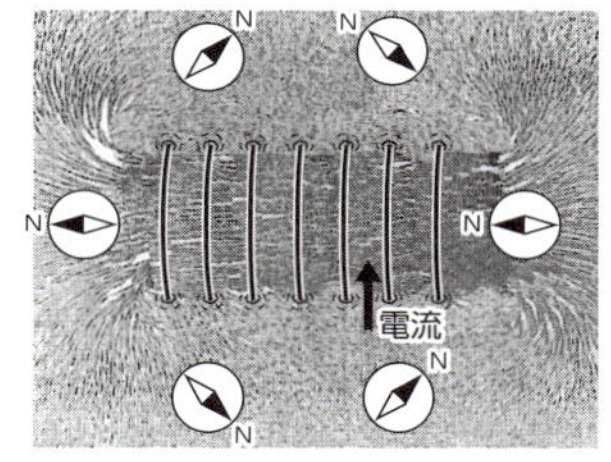

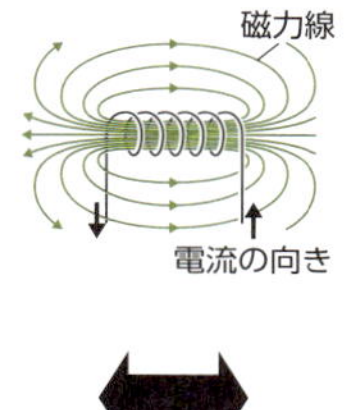

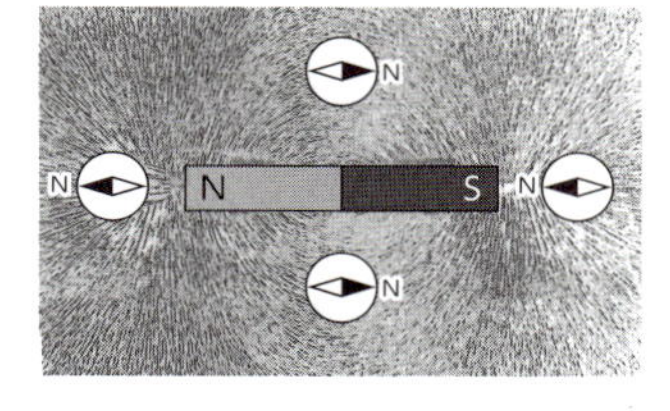

磁力線

ソレノイドのまわりの磁場の様子

棒磁石のまわりの磁場の様子

図13

このように、直線、円形、ソレノイドと、導線の形がどのようなものであれ、電流の流れに沿って「右ねじ」を置いたとき、導線のまわりにできる磁力線の向き（磁場の向き）は右ねじを回す向きで表されます。私たちにとって身近なねじの、こんな簡単なルールで電磁石の性質が求まってしまうのですね。しっかりと覚えておきましょう。

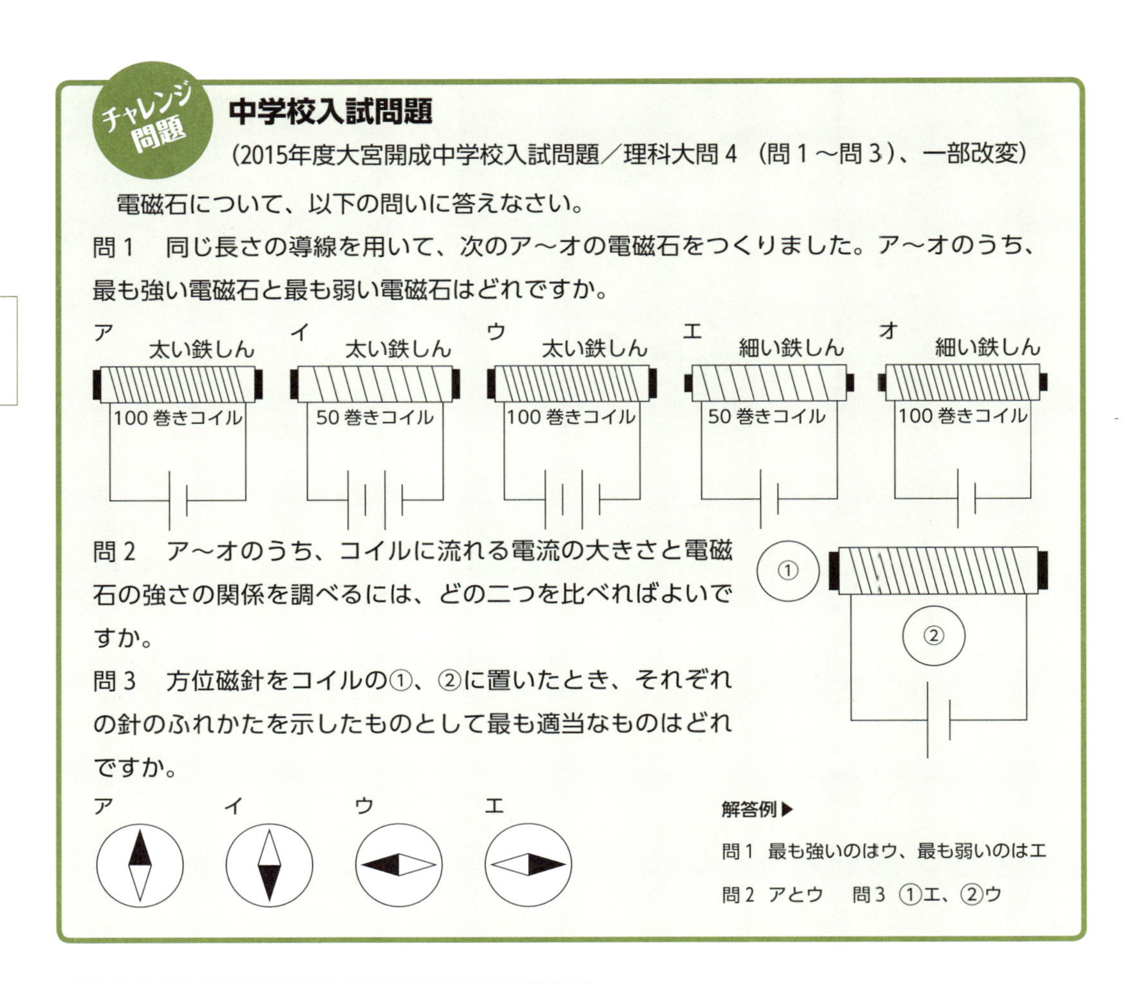

チャレンジ問題

中学校入試問題

（2015年度大宮開成中学校入試問題／理科大問４（問１～問３）、一部改変）

電磁石について、以下の問いに答えなさい。

問１　同じ長さの導線を用いて、次のア～オの電磁石をつくりました。ア～オのうち、最も強い電磁石と最も弱い電磁石はどれですか。

問２　ア～オのうち、コイルに流れる電流の大きさと電磁石の強さの関係を調べるには、どの二つを比べればよいですか。

問３　方位磁針をコイルの①、②に置いたとき、それぞれの針のふれかたを示したものとして最も適当なものはどれですか。

解答例▶

問１　最も強いのはウ、最も弱いのはエ

問２　アとウ　問３　①エ、②ウ

解　説　解くための基礎・基本

小学校で特に大切にしているソレノイドを使った実験は、小学校では「鉄心入りコイルの実験」といいますが、この実験が多くの中学校の入試問題として出題されています。チャレンジしてみましょう。ここでも基本は右ねじの法則です。

鉄心入りのソレノイドは電磁石の代名詞といってもよいものです。簡単に作れますし、また実験もしやすいのが特色で、小学校では、コイルの巻数や鉄心の有無、また流す電流の大きさを変えてはどうすれば強力な磁石になるかを学習します。子どもたちにとっても大好きな実験の一つです。

50回、100回という巻数の違う二つのコイル（ソレノイド）に電流を流したときにできる磁力線の向きは、右ねじの法則：

電流の流れる向き ⇨ **ねじの進む向き**

磁場（磁力線）の向き ⇨ **ねじの回転の向き**

から、図14のように、巻数に関係なくＡからＢの向きになります。磁力線の出口がＮ極ですので、このソレノイドは

Ａ（磁力線の入口）がＳ極、Ｂ（磁力線の出口）がＮ極

の棒磁石と同じです。方位磁針のN極は電磁石のS極に引かれるので、問3については①はエ、②はウとなります。

ところで、電磁石は永久磁石と違って次のような特徴があります。

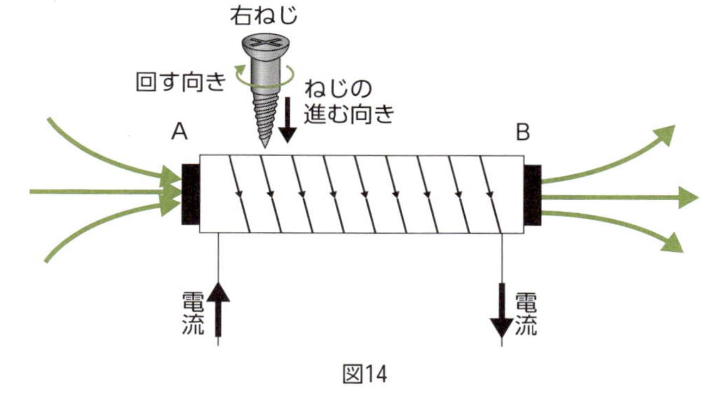

図14

① **導線に流れる電流を増やすと、磁力は強くなる。**

② **コイルの巻数を増やすと、磁力は強くなる。**

③ **導線を太いものに変えると、磁力は強くなる。**

④ **中に鉄心を入れると、磁力は強くなる（鉄心は太く、また長い方がよい）。**

コイルの巻数を増やしたり、また導線を太いものに変えるとは、ともにソレノイドに流れる電流を増やすことにつながるので、①〜③は共通です。④はどうでしょう。なぜ鉄心を入れると電磁石の強さは増すのでしょう。

鉄心にはソレノイドの中の磁力線の数を増やすはたらきがあり、細い鉄心よりも太くて長い鉄心の方がより多くの磁力線が生まれ、電磁石としては強くなります。鉄のような磁石になりやすい物質では、ソレノイドの磁場により鉄内部の様子が変化し、この鉄自身の磁石の性質も加わり、鉄心入りのソレノイドはより強い磁石になるのです（図15）。鉄心のかわりにプラスチックを入れたのでは、このようにはなりません。チャレンジ問題の問1では、これら電磁石の性質から、「巻数や電池の数が多く」、しかも「太くて長い鉄心の入った」コイルが一番強い電磁石になります。

また、電流の大きさの影響を調べるときは、他の要素（コイルの巻数、導線の太さ、中に入れる鉄心）は一定にする必要があります。ですから問2では、問1のコイルでいえばアとウを比べればよいことがわかります。このような実験の方法を**条件制御**（じょうけんせいぎょ）とよんでいます。小学校5年の理科を通して学ぶ科学の方法です。

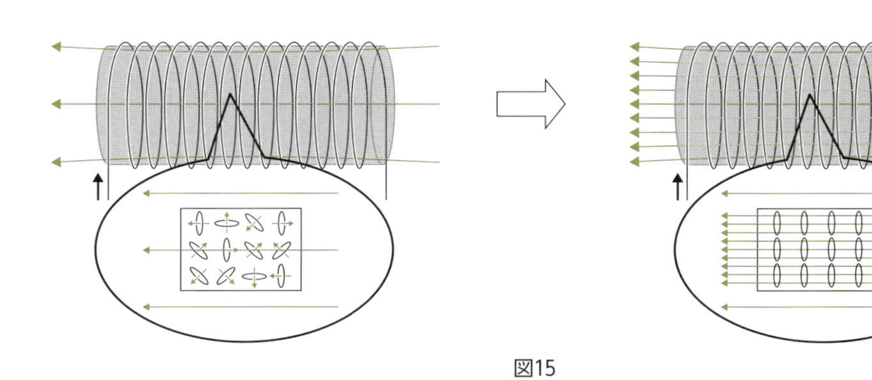
図15

トピックス 地球も一つの磁石（地磁気の秘密）

地球も大きな磁石で、南極には磁石のＮ極、北極にはＳ極があります。なぜ地球は大きな磁石なのでしょう。

小学校の理科の教科書をはじめ科学の通俗書には、図16のような地球の内部に大きな棒磁石が埋め込まれている図が載っていますが、これは本当でしょうか。

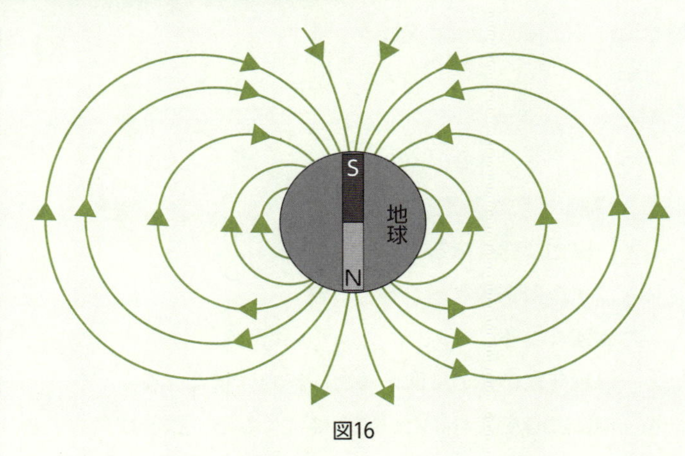

図16

実は「地球は大きな発電機」で、地球の内部（外核という場所）には鉄やニッケルでできた電導性のある流体が動いており、この流体が流れた結果、磁場ができているのです。そのため、地球は北極をＳ極、南極をＮ極とした大きな磁石になっていると考えられます。

もし、地球内部にあるという電導性流体の流れる向きが変化すれば、地磁気の向きも変わることになります。地球のＮ極とＳ極が入れ替わるというショッキングな出来事ですが、地球の岩石の調査から、平均すれば約50万年に一度この出来事が起こったことがわかっています。

電流の磁気作用の発見からより深く学ぶ

電気と磁石の世界は、長い間、お互い関係のない別々の世界だと思われてきましたが、「電流が流れると、そのまわりに磁場ができる」という電流の磁気作用の発見によって、電気と磁気は一つにまとめられるようになります。Ｎ極やＳ極、また磁力といった磁石特有の性質は、実は電流がもたらしたものだったのです。

この発見はその後の電気や磁気の進歩に革命を起こします。大学や高校の入試問題として電流の磁気作用が繰り返し出題されるのは、この発見が科学革命ともいえる大きなインパクトを与えたからに他なりません。ではここで、電流の磁気作用発見にまつわる科学創造の場面をのぞいてみることにしましょう。教科書のたった数行の文章にも、多くの人たちの努力が隠されていたのです。このことを知るだけでも、無味乾燥と思われがちな電気や磁気の世界をより身近に感じることができます。

トピックス　電気と磁気との統一に奔走した人々の物語

19世紀は「電気と磁気の世紀」と言われています。なぜそのように囁(ささや)かれるのでしょう。電気と磁気（磁石）の現象には共通点が多く、特に電荷の間や磁石の間にはたらく力には同じ形の法則「クーロンの法則」が成り立っていました。この類似性から、

○電気と磁気には、何か関係があるのではないか

○電気と磁気とは本来一つのもので、それが形を変えて現れているに違いない

など、両者の関係は人々の関心の的でもあったのです。かのフランクリンもまた、雷によって近くの金属が磁化されることを知り、この電気と磁気には関係があると気づいていた一人です。

この両者を結びつける決定的な証拠、すなわち本章でも取り上げている「電流の磁気作用」は、1820年、デンマークの理科の先生であったエルステッドによって発見されました。電流を流した導線を磁針（コンパス）の近くに平行に置くと針がふれ（針が回転し）、直角に置いたときにはふれなかったのです。回転とは予想に反した非常に奇妙な動きだったのです（図17）。

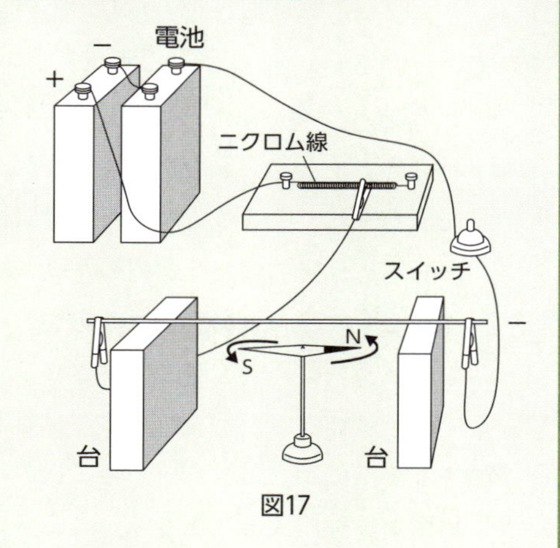

図17

導線に電流を流すと導線は熱くなります。これは私たちも経験していることです。たこ足配線は危険だということはテレビのニュースでもよく見かけます。導線が熱を持ってしまって、火災を起こしかねないからです。このように電流が流れることにより導線に何かが生まれていることは容易に想像がつきます。

電流によって磁針が回転するという現象は、エルステッドだけでなく、多くの科学者の目にもとまっていたはずです。ではなぜ、エルステッドだけが気づいたのでしょう。

「電流が流れている導線からは、力が放射線状（四方八方）に出ている」。

これが当時の常識でした。この常識から予想される磁針の動きは、エルステッドが「見た」ものとは似ても似つかないものでした。ですから、磁針の輪を描くような動きを見ても、「机が揺れたのかな？」とか、「窓から風が吹き込んだせいだ」などと思うだけで、電流の磁気作用として追求しようとは考えもしなかったのです。

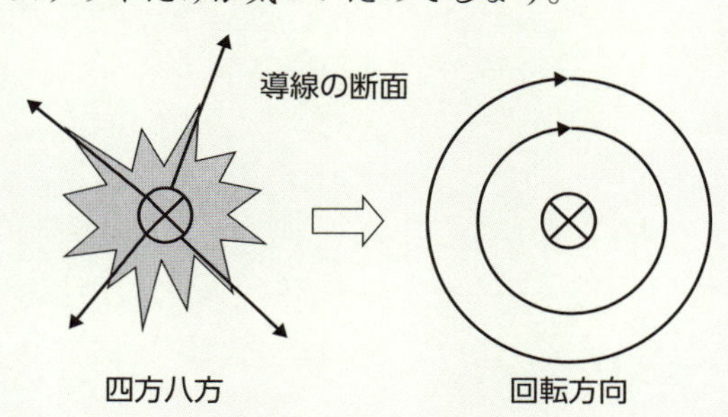

ではいったい、電流が流れている導線にはどのような磁場が生まれているのでしょう。エルステッドは

①磁針の回転は、回路に電流が流れているときのみ起こる
②磁針の動きは、静電気力（引力や反発力）とは違った種類のものだ

などの事実から

「この磁気的な力は、導線のまわりに渦を巻いている」

と結論します。これまでは、電流の流れている導線からは、その影響は放射線状に出ていると考えられてきただけに、エルステッドの「磁針を回転させる向きに」という発見は一大センセーションを巻き起こしました。これまでとは全く違った種類の力が導線のまわりに生まれていたのです。

ひとたび、エルステッドによって明らかにされた「電流の磁気作用」は、瞬（またた）く間に全ヨーロッパに広がります。堰（せき）を切ったように、数々の成果がもたらされました。

○電流が流れている２本の導線の間にはたらく力の発見
○円形電流と磁石の相互作用の発見（磁石の分子電流説）
○電流とそのまわりに生まれる磁気力の向きに関する右ねじの法則の発見
○電流と磁気力の大きさに関するビオ・サバールの法則の発見

などです。最初の三つは電流の単位にもなったアンペールによって、最後の磁気力の大きさに関するものはビオとサバールの二人によって与えられました。エルステッドの成果を知って、わずか数週間後のことです。これらはすべて高等学校で学習する内容です。

02 磁場と磁場とのぶつかり合い（二つの磁場がつくる新しい世界）

二つの直線電流にはたらく力

電流が流れている導線は、電流の磁気作用によって磁石になりました。では電流が流れている2本の導線の間にはどのような力がはたらくのでしょうか。第2節では、この導線間にはたらく力の向きについて考えます。

大学入試問題

（2014年度大学入試センター試験／物理〔本試験〕第1問・問4、一部改変）

次の文章中の（　）に入るものをa、b、c、dのうちから選べ。

図18のように、幅の狭いアルミ箔をU字型に曲げてつるし、直流電源に接続して電流を流した。図に示した右側のアルミ箔上の点Pには、左側のアルミ箔に流れる電流によって磁場が生じている。

この磁場により点Pでアルミ箔は図の（　　　）の矢印の向きに力を受ける。

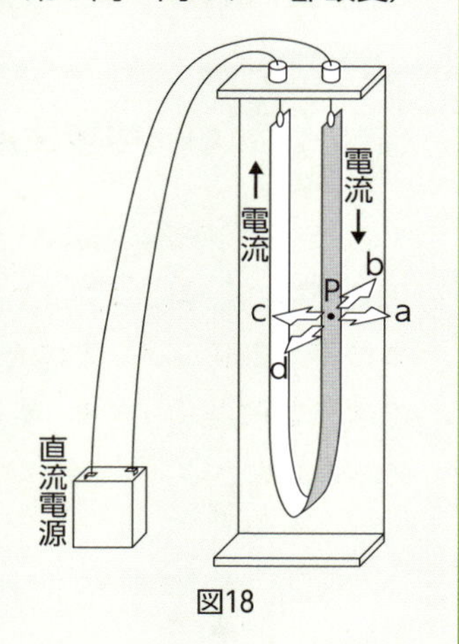

図18

解答例▶　a

例題のねらい　なぜ難しいと感じるのか

この問題は例題1（その1）の後半部分として出されたものです。「それぞれのアルミ箔に流れる電流がつくる磁場」と「片方の電流がもう一方の磁場から受ける力」とは密接に関係しています。

さて、図19のように、左側のアルミ箔（①）には上向きに、右側のアルミ箔（②）には下向きに電流が流れています。これを2本の導線と考えます。導線①に流れている電流のまわりには、右ねじの法則で図内の緑の線のように磁力線が生じ、導線②のPと接するところでは磁場はbの向きになります（例題1（その1）参照）。

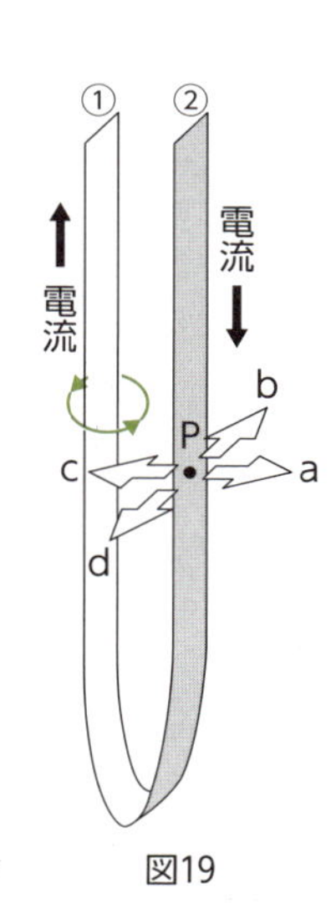

図19

しかし、導線②にも電流が流れています。この2本の導線は「磁石（電磁石）」になっていますから、「磁石どうしには力（磁力）がはたらくはず……。では、その力はどちらを向くのだろう」という疑問が生まれます。この電流が流れている導線間にはたらく力について、すっきりと理解することが第2節の目的です。

電流の正体は電子でしたから、２本の導線の間にはたらく力は、導線①、②の中を動き回る電子の間にはたらいている力でしょうか。もし、そうならば、同種の電荷には反発力がはたらくから、２本の導線には電流の流れる向きには関係なく、常に反発力がはたらくことになります。

しかし、実際は

「同じ向きの電流どうしには『引力』がはたらき、逆向きの電流どうしには『反発力』がはたらく」

となります。電流の流れる向きによって、はたらく力の向きが違っていたのです。２本の導線①、②にはたらいている力は、電荷によるものではなかったのです。

では、どのような力なのか。まずは２本の導線に流れる電流による磁場（磁力線）の様子を見てみましょう。例題２の解きほぐしです。

小・中学生用問題

図20（a）の導線①には上向き、同図（b）の導線②には下向きに電流を流したところ、それぞれの導線には図のような磁力線の模様ができました。同図（c）のように、この２本の導線を近づけ、それぞれの磁力線を重ね合わせたとき、２本の導線のまわりにはどのような磁力線の模様（磁場）ができているでしょうか。下のａ～ｄから最も適したものを選びなさい。

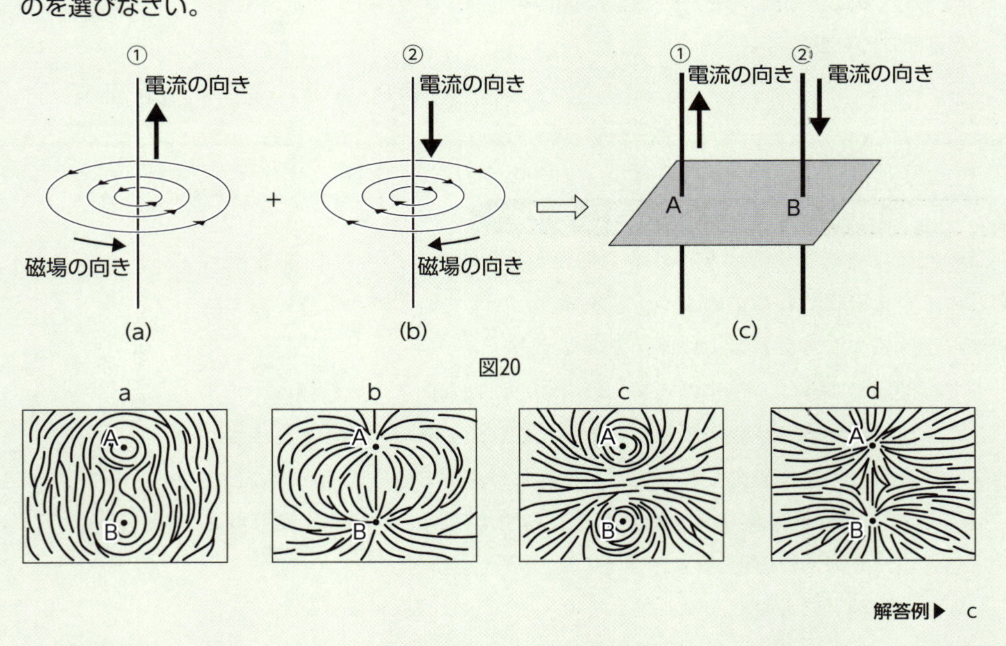

図20

解答例▶ c

解説 解くための基礎・基本

直線電流①、②による磁場（磁力線）の様子は図20の（a）、（b）に与えられています。この二つの磁力線が合わさって、たとえば①、②の間ではどのような磁力線の模様になるのでしょう。磁場の強さは磁力線の本数で表されましたし、またそれは磁場中に置いたN極が受ける力の大きさでもありました。

そこで、たとえば、図21のように導線①、②の間で、それぞれの導線から等距離のところに小さなN極（磁針など）を置いてみることにします。すると、磁力線の向きから、このN極はどちらの導線からも同じ向きの力を受けることがわかります。導線①、②の間では、二つの影響が合わさって、より強い磁力がはたらいているのです。

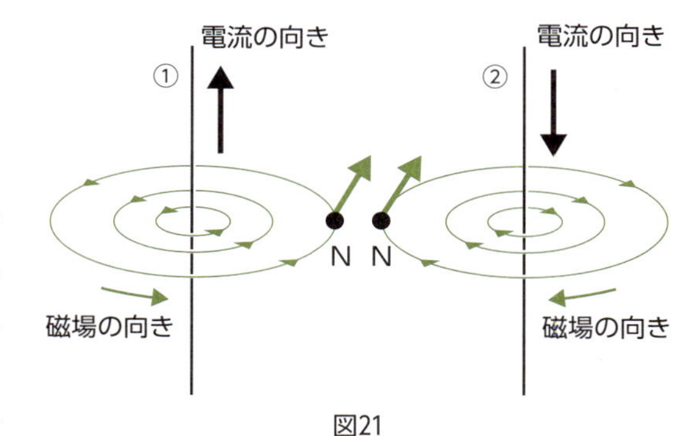

図21

このように、それぞれの導線に流れる電流がつくる磁場の様子（磁力線の向き）がわかっていれば、お互いの磁力線を足し合わせることで

2本の導線のつくる磁力線の向きが同じとき
→　お互い強め合う　→　より強い力　→　磁力線の本数は多くなる

2本の導線のつくる磁力線の向きが逆向きのとき
→　お互い弱め合う　→　より弱い力　→　磁力線の本数は少なくなる

ことが予想できます。

では、電流が流れている導線にはたらく力を、右ねじの法則を武器に、電流の磁気作用、すなわち「電流が流れている導線は、磁石（電磁石）になる」として磁石にはたらく力（磁力）で説明してみましょう。

以下は、イメージ豊かな小学生のための中・高等学校レベルの基礎・基本です。

【解くための基礎・基本】
中・高等学校レベル
2本の導線（電流）がつくる磁場の模様

最も簡単な直線電流について考えましょう。

2本の導線に、同じ向きで大きさの等しい電流が流れているとします。それぞれの導線に右ねじの法則をあてはめると、図22のような渦巻き状の磁場が生まれます。

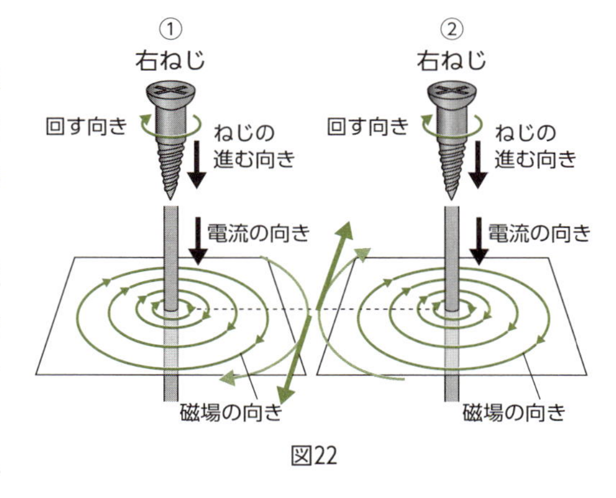

図22

このとき、図23のように、導線①がつくる磁場と導線②のつくる磁場とが重なり合った結果、たとえば導線①と②の間（領域Ⅰと名づけます）では、

導線①のつくる磁場：磁力線の向きが奥から手前へ

導線②のつくる磁場：磁力線の向きが手前から奥へ

とお互い反対向きになっていることがわかります。磁場（磁力線）の向きとはN極が受ける力

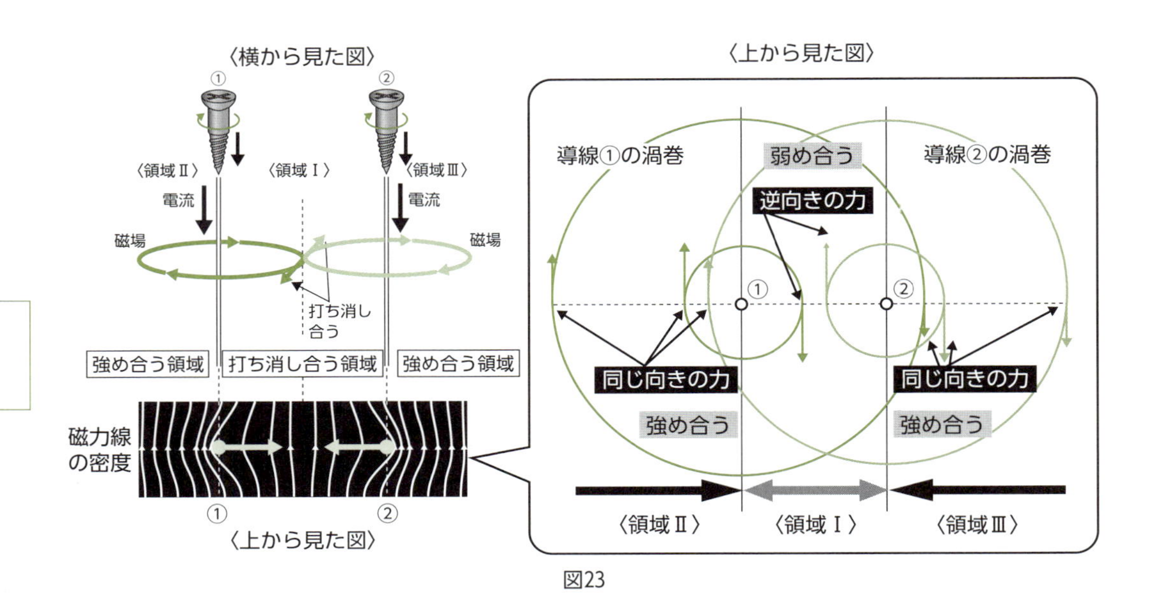

図23

の向きでしたから、領域Ⅰの中で、導線①と②から等距離のところにN極を置くと、導線①からの磁力と導線②からの磁力が打ち消し合って力ははたらかないことになります。

逆に、導線の外側（領域ⅡやⅢと名づけましょう）のところでは二つの力が同じ方向を向いており、強め合ってより強い磁場になっています。

このように、2本の導線がつくる磁場が干渉し合った結果、それぞれの導線がつくる磁力線の様子とは違った、いわば磁力線のつまり方（密度）に濃淡が現れるのです。磁力線が密集したところ（領域ⅡやⅢ）は磁力が強く、まばらなところ（領域Ⅰ）ほど磁力は弱くなっています。

次の図24では、2本の導線の電流の向きが同じ場合と逆の場合を比べ、磁力の強弱を色の濃淡で表しました。色が濃くなるほど強い力を表しています。

導線は磁力の強いところから弱いところに移動します。ちょうど、この濃淡を地形図の等高線だと考えると、ボールが急斜面から緩斜面へと転がるように、磁力の密度が濃いところから薄いところへと導線は引っ張られるのです。

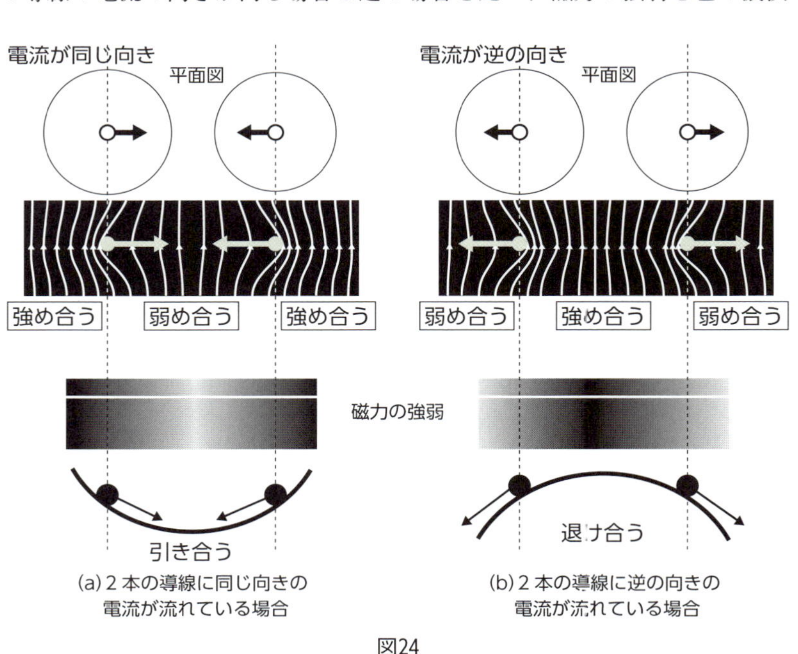

(a) 2本の導線に同じ向きの電流が流れている場合

(b) 2本の導線に逆の向きの電流が流れている場合

図24

ですから、

・同じ向きに電流が流れている２本の導線では、引力がはたらいている（図24(a)）

・逆の向きに電流が流れている２本の導線では、反発力がはたらいている（図24(b)）

とみなせるのです。

したがって、例題２の導線①、②に流れている電流は逆の向きですので、磁力線の濃淡の様子は同図(b)のようになり、導線①、②にはお互い反発するような力がはたらきます。

ソレノイドと直線電流にはたらく力

例題３ **大学入試問題**

（2009年度大学入試センター試験／物理Ⅰ〔追試験〕第２問・Ｂ問４、一部改変）

図25のように水平面上に x 軸と y 軸をとり、鉛直上向きに z 軸をとる。z 軸を中心軸としてソレノイド（密に巻いた細長いコイル）を固定し、矢印の向きに一定の電流を流す。ソレノイドの真上の z 軸上の点Ａを通り y 軸と平行になるように銅線を固定する。

銅線に y 軸の正の向きに電流を流した。このとき、ソレノイドのつくる磁場から銅線が点Ａで受ける力の向きは（　　）軸の（　　）の向きである。

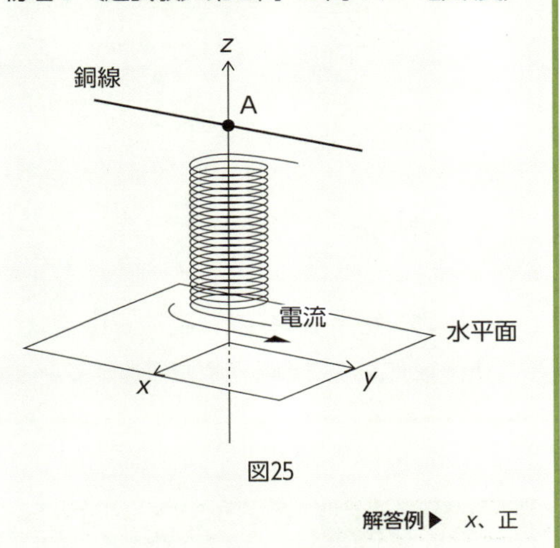

図25

解答例▶　x、正

例題のねらい　なぜ難しいと感じるのか

例題２では、二つの直線電流がつくる磁場について、その強め合い、弱め合いを調べました。磁場を表す磁力線の濃淡（密度）の違いから、地形図での急斜面から緩斜面にかけてボールが転がるイメージで導線の動きを考えたわけです。

ここでは、直線電流とソレノイドがつくる磁場についてその磁力線の濃淡を考えます。まずは右ねじの法則を直線電流、またソレノイドにそれぞれあてはめ、Ａ点付近の磁力線の様子を描いたのが図26です。

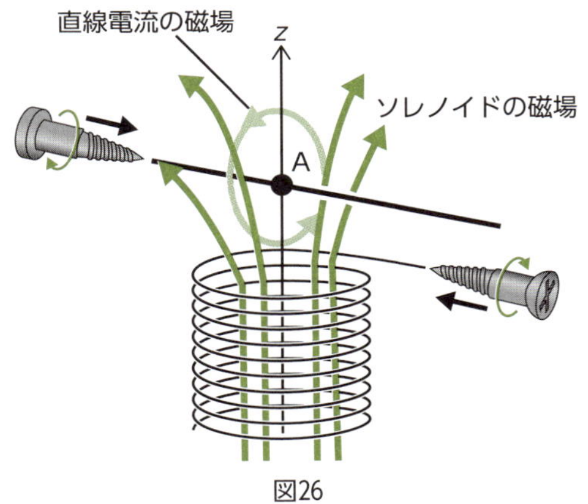

図26

・ソレノイドからは z 軸の正の向きに磁力線が出ている。

・直線電流のまわりには円弧を描くような磁力線ができる。

この二つの磁力線がお互い干渉し強め合ったり、弱め合ったりするのですが、これは二つの直線電流に比べると、少々イメージしづらいかもしれません。

本書のテーマであるイメージ豊かに解きほぐすためにも、正しく図示することが「解くための基礎・基本」となります。では、解きほぐしていきましょう。

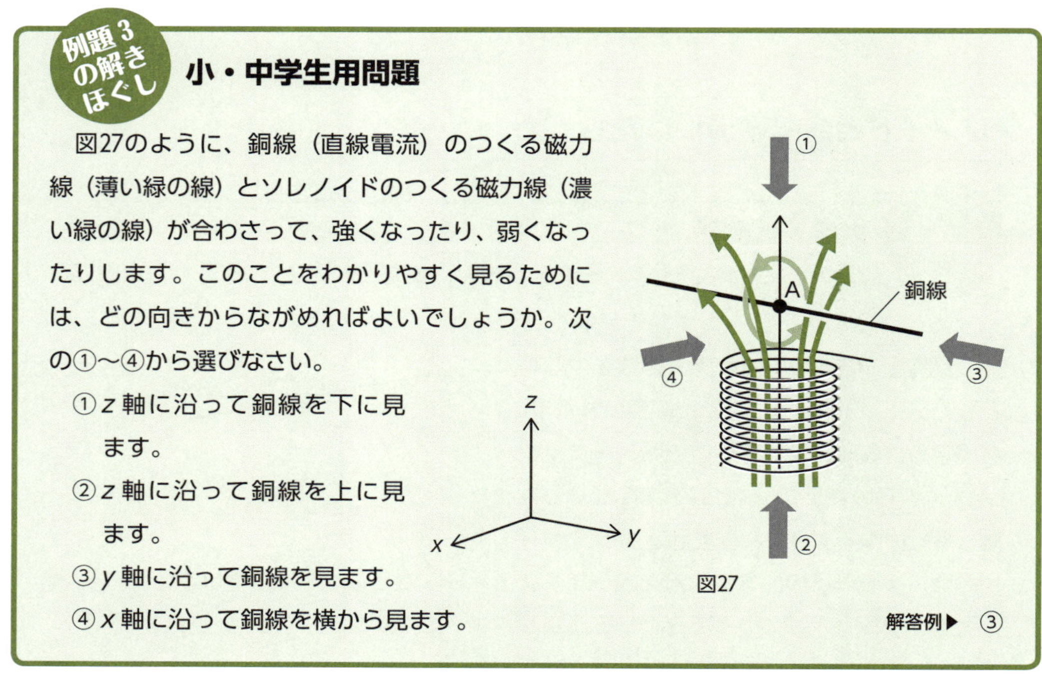

例題3の解きほぐし

小・中学生用問題

図27のように、銅線（直線電流）のつくる磁力線（薄い緑の線）とソレノイドのつくる磁力線（濃い緑の線）が合わさって、強くなったり、弱くなったりします。このことをわかりやすく見るためには、どの向きからながめればよいでしょうか。次の①〜④から選びなさい。

①z 軸に沿って銅線を下に見ます。

②z 軸に沿って銅線を上に見ます。

③y 軸に沿って銅線を見ます。

④x 軸に沿って銅線を横から見ます。

図27

解答例▶ ③

解　説　解くための基礎・基本

まず、①や②、そして④はだめですね。それは、直線電流がつくる磁力線の様子（A 点を中心に円弧を描くような様子）が見えないからです。円弧の様子がはっきりと見て取れるのは、③の方向から見たときです。

では、図28のように、③から見たときの磁力線の様子を描いてみましょう。銅線には y 軸に沿って向こうからこちら向き（y 軸の正の向き）に電流が流れていますので、右ねじの法則から左回りの磁力線（薄い緑の線）ができています。一方、ソレノイドには下から上に、ほぼ z 軸とは平行に磁力線（濃い緑の線）が走っています。ほぼ平行にとしたのは、出口のところでは図28のように周囲に広がっているからです。

これで、銅線、そしてソレノイドの磁力線が描けました。これら二つの磁力線が強め合ったり、また弱め合った

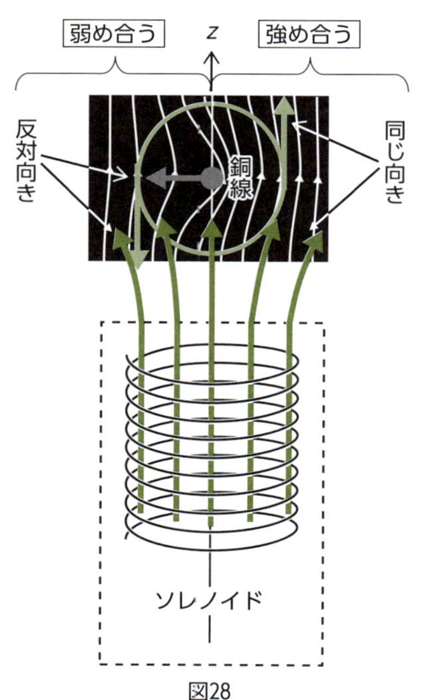

図28

りして銅線に力（磁力）を及ぼすようになるのです。結果は、

銅線の左側（二つの磁力線の向きが反対）→　弱め合う

銅線の右側（二つの磁力線の向きが同じ）→　強め合う

ということから、銅線の左右で磁力線の密度に濃淡ができ、銅線は濃い方から薄い方（x 軸の正の向き）に動くことになります。

イメージとしては、地形図モデルで等高線の密なところ（急斜面）からまばらなところ（緩斜面）にボール（銅線）が動くと考えればよいのです（図24参照）。

【解くための基礎・基本】
中・高等学校レベル
フレミングの左手の法則

電流が磁場から受ける力（電磁力）の向きを求める方法として、フレミングの左手の法則があります。これは次のようなものです。

左手の親指、人差し指、中指をそれぞれ図29のようにピンと伸ばしたとき、

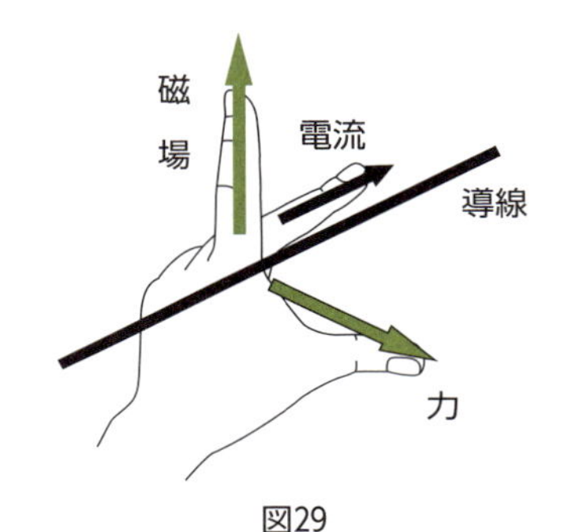

図29

中指の向き　　　……電流の向き
人差し指の向き　……磁場の向き
親指の向き　　　……電流が受ける力の向き

に対応するというのです。非常に便利ではあるのですが、磁場中を導線が横切るときに生まれる電流の向きを求めるフレミングの右手の法則というものもあり、さらには右ねじの法則をはじめ法則ばかりに頼っていると「どこで何をつかえばよいのか迷ってしまう」ということにもなりかねません。ですから覚えるルールは「右ねじの法則」にしておき、あとは磁力線どうしの強め合い、弱め合いというグラフィックで考えていくのがよいのではないでしょうか。

磁石の正体は小さな電流（分子電流）―アンペールの奇抜な発想―

一連の実験から、電気の流れている導線は磁石と同じだと確信したアンペールは、大胆にも、

「磁石とは、物質の中で小さく渦巻いている電流だ」

と言い出したのです。

この発想のきっかけになったのが、円形導線に電流を流したときにできる磁場の様子でした。円形にした導線に電流を流すと、そのまわりには平べったい磁石と同じ磁場が生まれました。磁力を連ねた線を磁力線といいましたが、その磁力線の様子がまったく同じだったのです。磁力線については、鉄粉を振りかければその様子は手に取るように分かります。小学校理科でおなじみです。

図30の磁力線の出方を見てください。

「上側の面から磁力線が出て、下の面から入ってくる」。

磁力線の出口がN極で、入口がS極です。また、右ねじの法則より、磁力線は渦巻き状でつながった線でしたから、

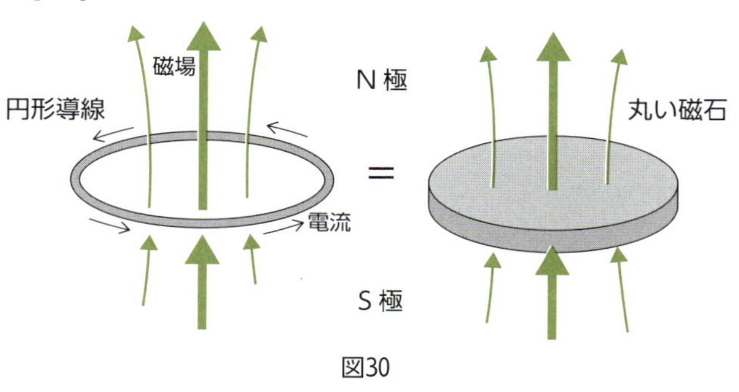

図30

○出口だけで入口がない（N極のみ）

○入口だけで出口がない（S極のみ）

なんてものは存在しません。必ず出口（N極）と入口（S極）がペアで存在します。

磁石を切っても切っても、N極とS極を分けることができなかった「秘密」が、実はここにあったのです。磁石の中には小さな円状の電流（分子電流）が流れていたのです。

さてアンペールの考えた「磁石とは、物質の中で小さく渦巻いている電流だ」という発想ですが、電池にもつながれていないのに本当に電流が流れているのでしょうか。実は、物質は原子からできており、その原子には電子が含まれています。このマイナスの電気を持った電子が原子の中心にある原子核のまわりを回っているのですが、この電子の円を描く運動が円電流に対応していたのです。ここでも電子が主役を担っています。

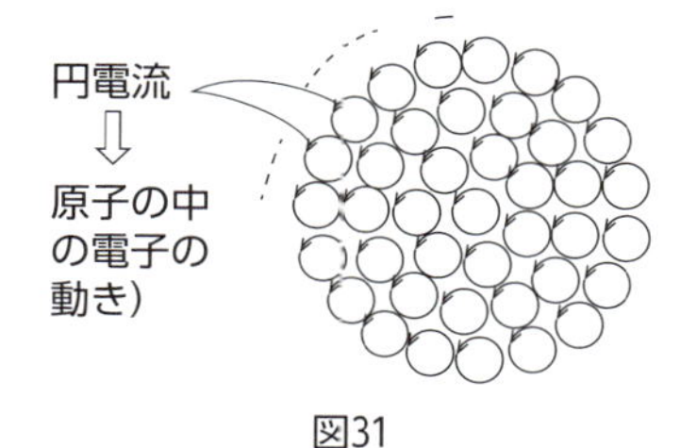

図31

03 電流がつくる磁石の世界（モーターの原理）

電磁石の応用の一つがモーターです。モーターは児童・生徒にとっては身近な道具ですので、ものづくりとあわせて電流の磁気作用、また電流の流れている導線が磁場から受ける力を理解するためにうってつけの教材と言えます。特にしくみの簡単なクリップモーターは、小学生に人気のある実験の一つです。

次の大学入試問題は、この小学生に大人気のクリップモーターからの出題です。

図32　クリップモーター

大学入試問題

（2010年度大学入試センター試験／物理〔追試験〕第２問・B問３～５、一部改変）

次の問い（問１～３）に答えよ。

モーターの動作原理を考えるため、エナメル線でつくった長方形のコイルと磁石を用いて、図33のような装置をつくった。形や巻数が同じ複数のコイルを用意し、回転軸となる両端部分のエナメル被覆のはがし方を変えて、回転するかどうかを調べた。同図には、P側のエナメル被覆を半周分はがし、Q側は全周はがしたコイルの例が描かれている。以下では、コイルの両端部分は、軸の最下点でクリップに常に接しているものとする。

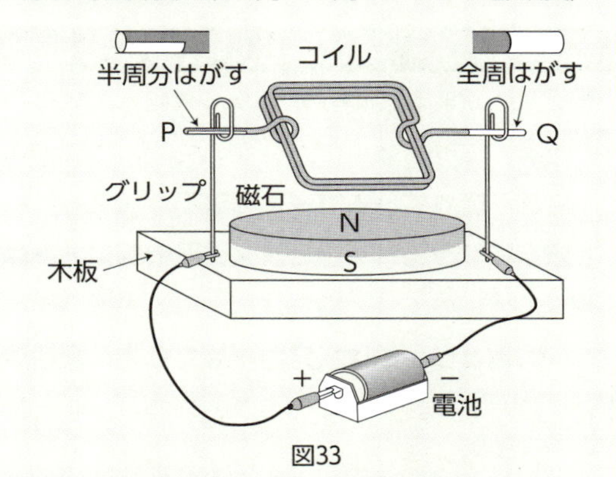

図33

問１　あるはがし方をしたコイルを用いると、コイルは回転し続けた。このとき、次の（ア）、（イ）、（ウ）のいずれかの操作を行うと、回転方向はもとの回転方向に対してどのようになるか。

（ア）磁石のN極とS極を入れ替える。

（イ）電池の正負を入れ替える。

（ウ）磁石のN極とS極および電池の正負を、両方とも入れ替える。

問２　エナメル被覆をP側、Q側とも全周はがしたコイルを用いて実験した。このとき、電流は図34の矢印方向に流れた。P側から見て、コイルが図35の（ア）、（イ）の向きにあるとき、コイルのAB部分とCD部分が磁場から受ける力の向きはどのようになるか。上、下、左、右の中から答えよ。

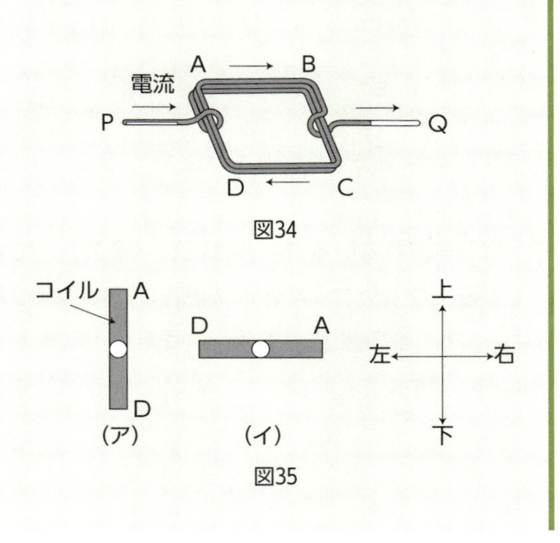

図35

問3　次に、P側のエナメル被覆を図36の①～④のように半周分はがし、Q側のエナメル被覆を全周はがした四つのコイルを用いて実験した。黒い太い部分は、P側のエナメル被覆が残っている部分である。このとき、四つのうち二つのコイルだけが回転し続けた。回転し続けるコイルとして適当なものは①～④のうちどれとどれか。

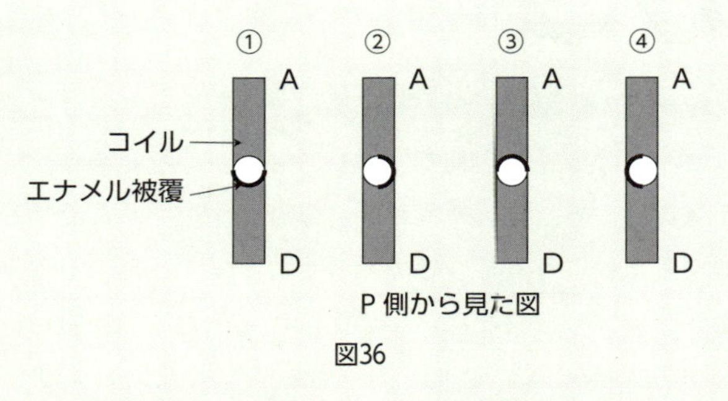

図36

解答例▶　問1（ア）逆（イ）逆（ウ）不変　問2（ア）AB右、CD左（イ）AB右、CD左　問3 ①と③

例題のねらい　なぜ難しいと感じるのか

なぜ電流が流れているコイルは回転し続けるのでしょうか。この疑問に答えるには、前の節で学んだ次の二つの知識で十分なのです。これが基礎・基本です。

①電流が流れているコイルは磁石（電磁石）になっている。【→右ねじの法則】

②磁石になったコイルと永久磁石の間に力がはたらく。【→強め合ったり・弱め合ったり】

もちろん、この二つの磁石にはたらく力とは

同極どうしには反発力がはたらき、異極の間には引力がはたらく

という磁力です。まずはこのことをしっかりと押さえておきましょう。例題4の問1を解く際のヒントにもなっています。

さて、本例題を難しく感じるのは、コイルの両端（腕のところ）のエナメルの削り方です。この削り方を誤るとコイルはうまく回転しなくなります。コイルに電流を流しているのに回転しないのです。クリップモーターを小学生に製作させるときも、理屈はさておき

「コイルの一方の腕のところは全周エナメルをはがし、もう片方は半周分だけはがす」

ように指導します。これが、コイルが回転し続ける「コツ」なのです。問題文（最初の下線部分）にも「P側のエナメル被覆を半周分はがし、Q側は全周はがしたコイル」とあります。

ではなぜ、コイルが回転し続けるには、このような「コツ」が必要なのでしょう。実は、問2や問3はこの「コツ」についての問いかけなのです。このコツを理解する（または説明する）ためには何か特別な知識が必要かというとそうではありません。必要な知識は、ここでも以下のたった二つです。

①電流が流れているコイルは磁石（電磁石）になっている。

②磁石になったコイルと永久磁石の間に力がはたらく。

ここで次の例題を見て下さい。これは小学生が受ける中学校の入試問題なのですが、そのまま例題2の解きほぐしになっていることがわかりますね。

小・中学生用問題

（2009年度広島城北中学校入試問題／理科大問３（問６、問７）、一部改変）

図37のように太いエナメル線を巻いたコイルを使ってモーターを作りました。エナメル線の表面をＡ側はすべてはがし、Ｂ側は上半分だけはがしてあります。スイッチを入れると、コイルはなめらかにくるくると回りはじめました。

グリップ
Ａ
Ｂ
コイル
永久磁石
かん電池
スイッチ

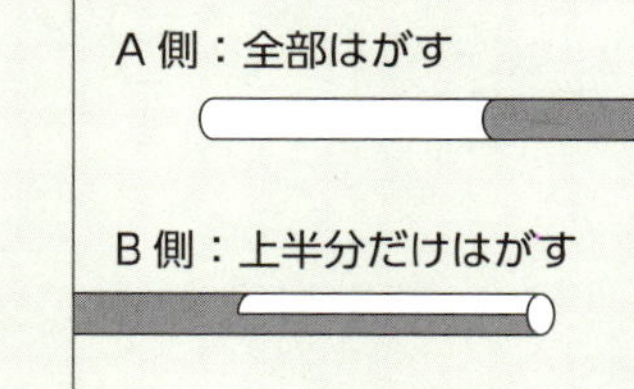

図37

問１　このコイルをもっと速く回すための工夫として適当でないものを一つ選びなさい。

ア　コイルの巻数をもっと増やしてみる。

イ　永久磁石を裏返して、Ｎ極とＳ極を入れかえてみる。

ウ　たくさんの乾電池を直列につないで、コイルに流れる電流を強くする。

エ　磁石のはたらきがもっと強い永久磁石をつかってみる。

問２　図のエナメル線のＡ側とＢ側の両方の表面を全部はがしてからスイッチを入れたとき、コイルはどのように動きますか。最も適当なものを一つ選びなさい。

ア　コイルはスイッチを入れたときだけわずかに動いて、その後はすぐに止まってしまう。

イ　コイルは180度回るたびに回る向きを変えながら回り続ける。

ウ　エナメル線のＢ側の上半分だけはがしていたときよりも、勢いよく回り続ける。

エ　エナメル線のＢ側の上半分だけはがしていたときよりも、ゆっくりと回り続ける。

解答例▶　問１　イ、問２　ア

解　説　解くための基礎・基本

高校生（18歳）を対象とした大学入試問題、そして小学生（12歳）が受ける中学校の入学試験、ともに問２ではコイルの両端（腕のところ）のエナメルを全部はがしたらコイルはどのようになるかを聞いています。この二つは全く同じですね。ですから、大学入試問題といえども解くための基礎基本は「小学校レベル」にあるといえます。

さて、エナメルを全部はがしたときに電流を流すと、コイルはいったいどのような磁石になっているでしょうか。いま、コイルが図38の位置にあるとしましょう。基礎基本の一つ目、

①電流の流れているコイルは磁石（電磁石）になっている【→右ねじの法則】

から、コイルのAB部分、またCD部分には磁力線が生まれています。

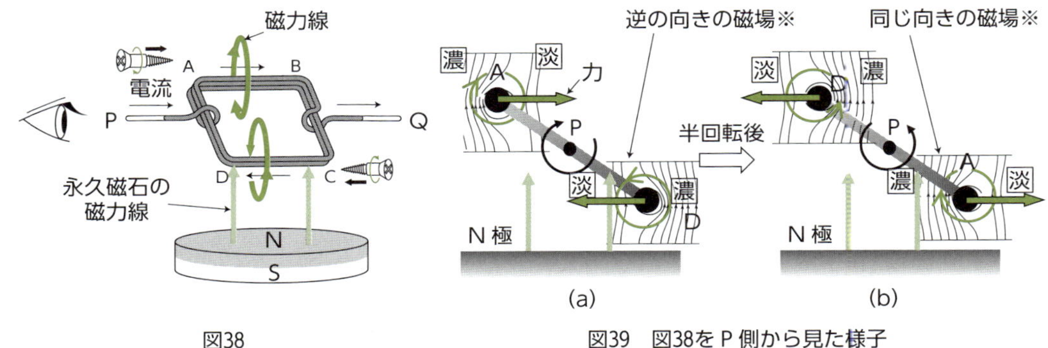

図38

図39　図38をＰ側から見た様子

右ねじの法則から

導線 AB: コイルの内側には永久磁石の磁力線とは逆の向き、
　　　　コイルの外側には同じ向き

導線 CD: コイルの内側には永久磁石の磁力線とは逆の向き（図39(a)※)、
　　　　コイルの外側には同じ向き

の磁場ができます。すると、基礎基本の二つ目、

②磁石になったコイルと永久磁石の間に力がはたらく【→強め合ったり・弱め合ったり】

から、下に置いてある永久磁石の磁場と強め合ったり、弱め合ったりした結果、導線 AB、CD には、図39(a)のように、磁力線の密度の濃い方から薄い方に力がはたらきます。これは、コイルを右回転（時計回り）させる力になります。なお、図39(a)や(b)は、図38のコイルをＰ側から見た様子を表しています。イメージできるでしょうか。

コイルの両端（腕のところ）のエナメルは全部はがされていますので電流は流れ続け、コイルはさらに右回転（時計回り）し、やがて半回転後にコイルは同図(b)の位置にきます。このとき、コイルの AB、CD 部分には

導線 AB: コイルの内側には永久磁石の磁力線と同じ向き（図39(b)※)、
　　　　コイルの外側には逆の向き

導線 CD: コイルの内側には永久磁石の磁力線と同じ向き、
　　　　コイルの外側には逆の向き

の磁場ができ、永久磁石の磁力線との強め合い・弱め合いから、同図(b)の濃く太い緑の矢印のようにそれぞれ外向きの力がはたらきます。これらは、同図(a)とは逆にコイルを左回転（反時計回り）させようとする力で、ブレーキに他なりません。

つまり、図40上のように、コイルの両端（腕のところ）のエナメルを全部はがしてしまうと、半回転ごとにブレーキがかかり、コイルは少し回転しては、このブレーキによってすぐに止まってしまうことになります。

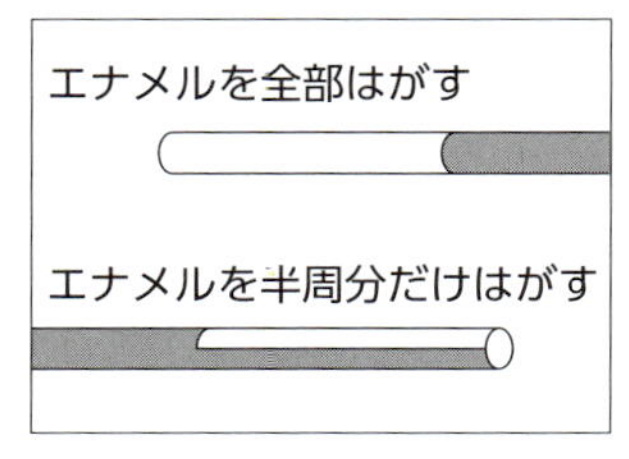

図40

では、このブレーキがはたらかないようにするにはどうすればよいでしょう。いろいろと考えられますが、一番簡単なのは「半回転ごとに、コイルに電流が流れないようにする」ことです。エナメルは電気を通さないので、図40下のように、コイルの腕の片

方のエナメルを半周分だけ残しておけばよいのです。

【解くための基礎・基本】
中・高等学校レベル
コイルをよりよく回転させるために

コイルをよりよく回転させるには、コイルの腕の片方のエナメルを半周分だけ削ればよいことがわかりました。では、どの部分を半周分削ればよいのでしょう。これが、例題4の問3です。図41を見ると、エナメルの削り方によって、①と③、②と④がペアになっています。

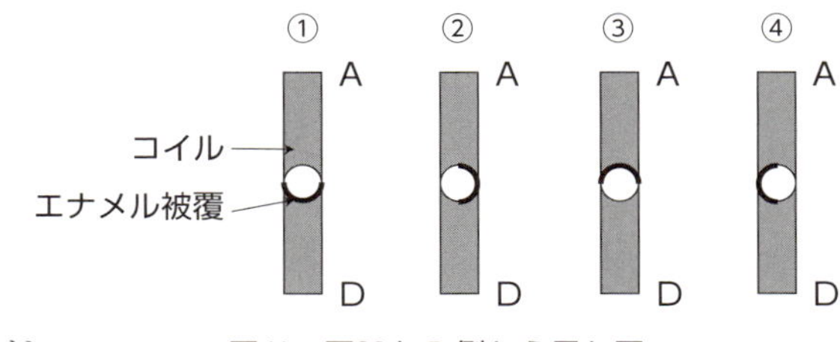

図41　図33をP側から見た図

コイルのAB、およびCD部分にはたらく力が、たとえばコイルを右回転（時計回り）させるには、図42(a)のように、

AB部分が上の点線（濃い緑の点線）の区間

にあり、同じことですが、

CD部分が下の点線（薄い緑の点線）の区間

にあればよいことがわかります。この範囲を超えてしまうと、同じ向きの力であっても今度はコイルを左回転（反時計回り）させるようになります。

たとえば、図42(a)のコイルに電流を流したまま半回転させると状況は一変し、同図(b)のように、コイルのAB部分、CD部分にはたらいている力が、コイルを反時計回りに回転させるようになります。ちなみに、電流を流し続けるとコイルのAB部分には右向きの力、コイルCD部分には左向きの力がはたらいています。

このことから、エナメルを半周分だけ削り取る箇所としては①や③であればよいことになります。

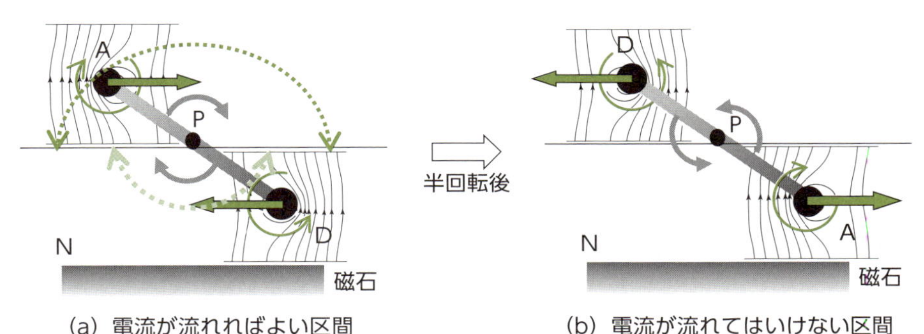

(a) 電流が流れればよい区間　(b) 電流が流れてはいけない区間

図42

第5章 発電のしくみ

電磁誘導を
理解しよう

01 コイルと磁石がつくる電流の世界（誘導電流の流れる向きを考える）

図1は第4章でも示した手回し発電機です。この手回し発電機にはモーターが使われていました。モーターは、電流を流せば電気エネルギーを仕事（力学的エネルギー）に変える「電動機」になり（図2(a)）、逆にコイルを手や何か道具を使って回してやれば、その仕事を電気のエネルギーに変える「発電機」にもなります（同図(b)）。

モーターはまさに一台二役なのです。第5章では図2(b)の発電機の原理について学びましょう。

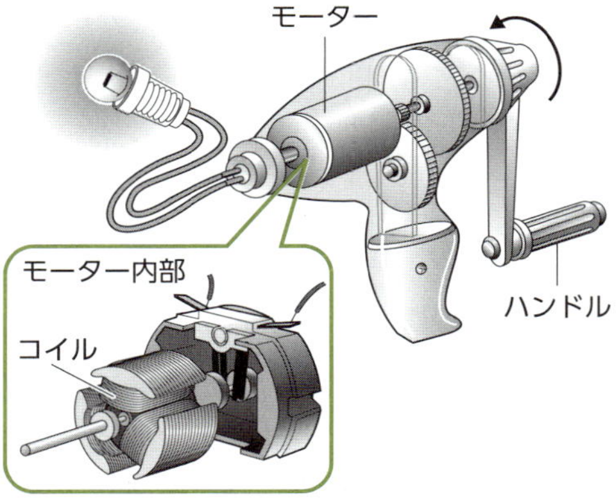

図1　手回し発電機

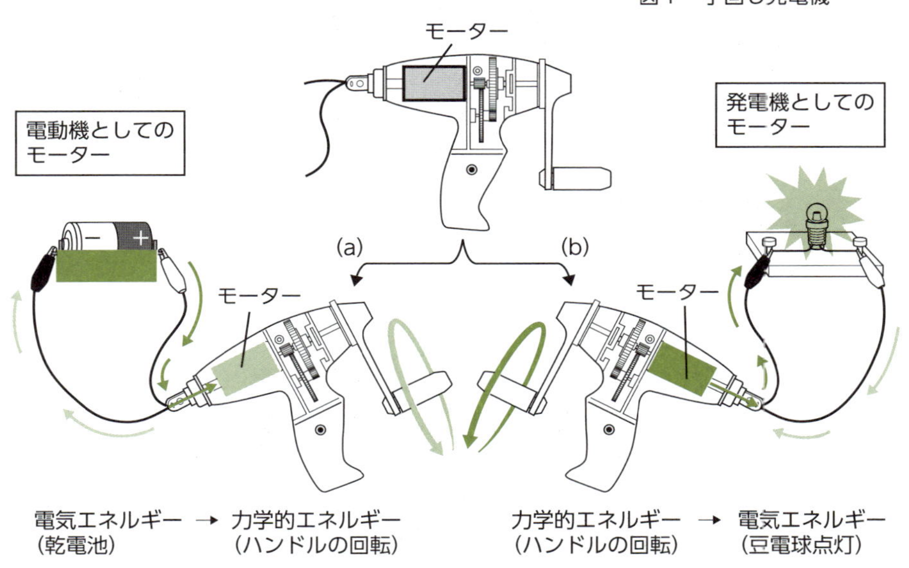

図2　モーターの二つのはたらき

第4章で学んだように、電動機のしくみは、モーター内部のコイルに電流を流すことでコイル自体が磁石になり、それが周囲の磁石から力を受けて回転をはじめるというものでした。

①（乾電池などを使って）モーターに電流を流す → ②モーター内部のコイルに電流が流れる → ③コイルと磁石の間に力がはたらく → ④コイルが容器の中で回転する → ⑤ハンドルに力が伝わり、回転する

発電機のしくみは、これとは逆で次のようになります（図3）。

①**（手や風などで）ハンドルを回転する** → ②モーター内部のコイルを容器の中で回転させる → ③コイルとまわりの磁石の間に力がはたらく → ④**コイルに電流が流れる** → ⑤**電流がコイルから取り出され、豆電球に伝わり、点灯する**

発電機の場合、この「コイルを容器の中で回転させる」道具がハンドルだったのですね。

ところでコイルを容器の中で回転させるだけで、なぜ電流をつくり出せるのでしょう。容器の中には磁石が入っています。「磁石に囲まれた場所でコイルを動かす（回転させる）」、このことがコイルの導線の中に電流を生じさせる秘訣（ひけつ）だったのです。

この秘訣のことを**電磁誘導**（でんじゆうどう）、また電磁誘導によって導線に生まれた電流のことを**誘導電流**とよんでいます。発電機の原理とは電磁誘導のことなのです。

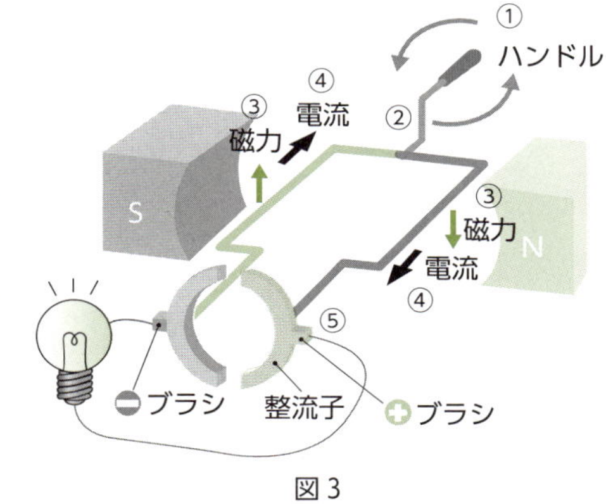

図3

では、コイルと磁石を使って電流をつくり出す方法についてみてみましょう。

それは、図3のように、なにも周囲を磁石に囲まれた入れ物の中でコイルを回すだけではありません。たとえば、図4のようにコイルの中に棒磁石を出し入れしたときにも電流は生まれます。実に簡単な実験です。しかし、この実験から得られた次の事実をどう説明すればよいのでしょうか。

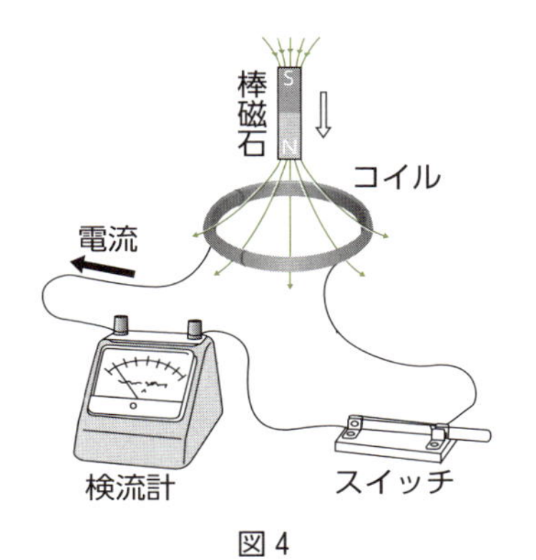

図4

①磁石のN極をコイルに近づけるとき、電流は図4の向きに流れる。
②磁石のN極をコイルの中で静止させると電流は流れない。
③磁石のN極をコイルから遠ざけるとき、電流は①とは逆向きに流れる。
④磁石のS極で実験すると、N極とは電流の向きが逆になる。
⑤磁石を動かさず、コイルの方を磁石に近づけても電流は流れる。
⑥磁石の強さをどんなに大きくしても、動かさなければ電流は生まれない。

これら①〜⑥の結果を、矛盾なく、しかもすっきりと納得のいく形で説明するために考え出されたアイデアが磁力線（じりょくせん）です。磁力線はファラデーのアイデアです。小学校教育も十分に受けてこなかったファラデーだからこそ、数式（公式）に振り回されることなく「力線」というグラフィックで解決できたのです。この経緯については、後ほど紹介しましょう。では、「電磁誘導」に関する例題にチャレンジです。

例題1 大学入試問題

（2011年度大学入試センター試験／物理Ⅰ〔本試験〕第2問・B問3（一部）
1995年度大学入試センター試験／物理〔本試験〕第2問・B問4）

次の文章中の（　ア　）には図5の記号を入れ、（　イ　）には①～④のうちで最も適したグラフを選べ。

（その1）図5のように銅のリングを糸でつるして静止させ、リングの中心軸に沿って棒磁石を近づける実験を行った。棒磁石のN極をリングに近づけると、リングには図5の（　ア　）の矢印の向きに誘導電流が流れる。(2011年度)

（その2）図6のように、固定された一巻きコイルとそれにつながれた検流計がある。永久磁石を、コイルの面に平行に、遠方から一定の速度でゆっくりと動かした。このとき、検流計を流れる電流の時間変化を表すグラフは（　イ　）となる。ただし、ACBの向きに流れる電流を正とする。(1995年度)

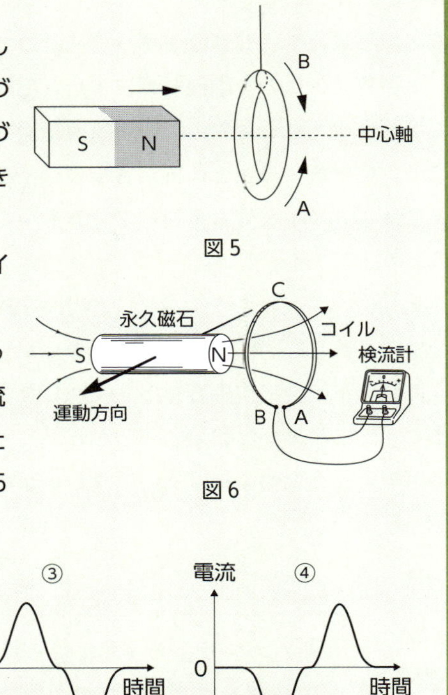

図6

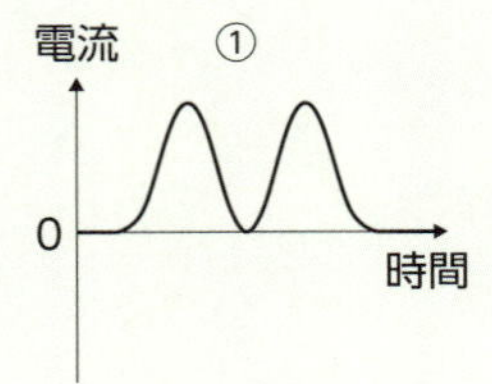

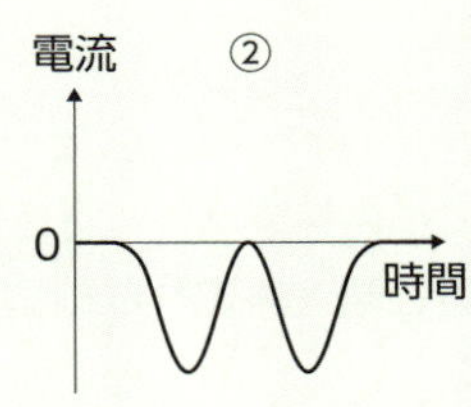

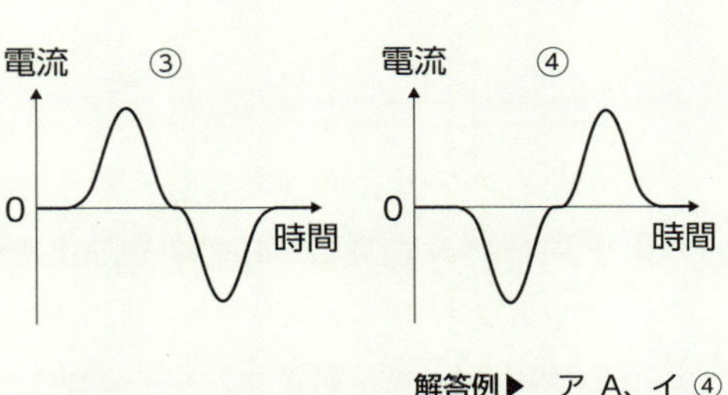

解答例▶　ア A、イ ④

例題のねらい　なぜ難しいと感じるのか

（その1）、（その2）とも固定されたリングやコイルに対して磁石を動かしているのですが、その動かし方が違います。（その1）では棒磁石（N極）をリングの面に垂直に近づけているのに対して、（その2）では棒磁石（N極）をコイルの面と平行に、コイルを横切るように動かしています。この磁石の動かし方の違いが、次のようにコイルに流れる電流の違いとなって現れます。

（その1）磁石を近づけている間、電流の流れる向きは変化しない。

（その2）磁石を近づけるにつれて、ある向きに流れ、やがて減少し、次に逆向きに流れ出す。

（その2）は（その1）に比べると、流れる電流の向きが大きく変化します。磁石の動かし方を変えるだけで、コイルに流れる電流の向きが、なぜここまで違ってくるのでしょう。実は、例題1の出題のねらいもこの点にあるのです。

「コイルに対する磁石の動き」と「コイルに流れる電流」、この二つを結びつけてくれるのが磁力線です。磁石の動きをコイルをつらぬく（横切る）磁力線で表してみるだけで、その違いがはっきりと見えてきます。それでは解きほぐしてみましょう。

小・中学生用問題

発電の原理について調べるために、コイルと磁石を用いて次の実験を行いました。これについて後の問1、問2に答えなさい。

実験1　図7のように棒磁石のN極を下にしてコイルに近づけ、コイルに流れる電流の変化を検流計で調べた。

実験2　図8のように棒磁石のN極を下にしてコイルを横切らせ、コイルに流れる電流の変化を検流計で調べた。

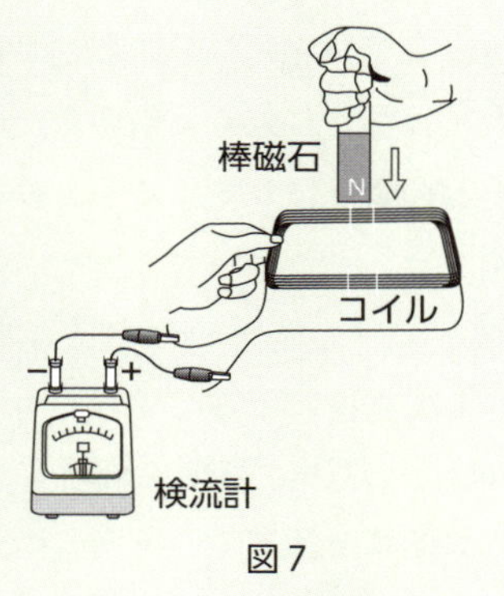

図7

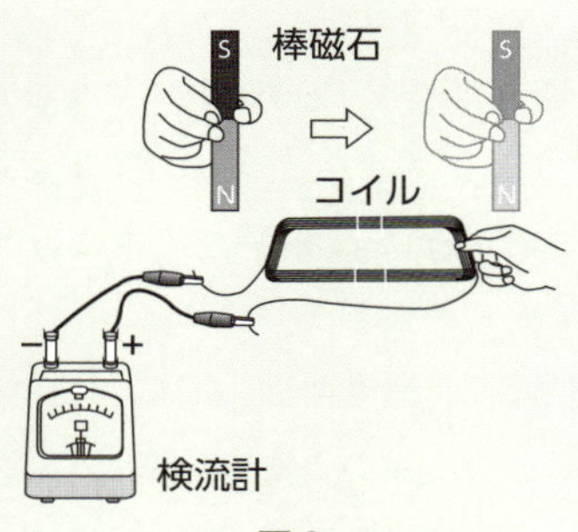

図8

問1　コイルの内側を通る磁力線は、磁石が動くにつれてどのように変化しますか。実験1、2について最も適当なものを選びなさい。

ア　磁石の動きにつれて、下向きの磁力線が減る。
イ　磁石の動きにつれて、下向きの磁力線が増える。
ウ　磁石の動きにつれて、上向きの磁力線が減る。
エ　磁石の動きにつれて、上向きの磁力線が増える。
オ　磁石の動きにつれて、はじめ下向きの磁力線が増え、次に減り始める。
カ　磁石の動きにつれて、はじめ上向きの磁力線が増え、次に減り始める。
キ　磁石の動きにつれて、はじめ下向きの磁力線が増え、次に上向きの磁力線が増え始める。
ク　磁石の動きにつれて、はじめ上向きの磁力線が増え、次に下向きの磁力線が増え始める。
ケ　磁石の動きには関係なく、磁力線は増えも減りもしない。

問2　それぞれの実験で検流計の針の振れ方として最も適当なものはどれですか。左回りに流れる電流の向きを＋とします。

ア　針は＋の向きに振れる。
イ　針は－の向きに振れる。
ウ　針は＋の向きに振れてから－の向きに振れる。
エ　針は－の向きに振れてから＋の向きに振れる。
オ　針は＋にも、－にも振れない。

解答例▶　問1　実験1イ、実験2オ、問2　実験1ア、実験2ウ

解　説　解くための基礎・基本

実験１は例題１の（その１）「棒磁石（N 極）をリングの面に垂直に近づける」に、実験2は（その２）の「棒磁石（N 極）がコイルの面と平行に、コイルを横切る」に対応しています。この磁石の動きにつれて、コイルをつらぬく（横切る）磁力線がどのように変化するかをみてみましょう。

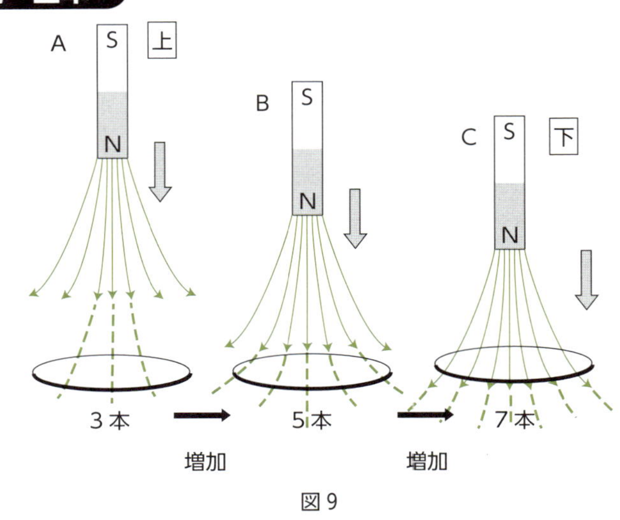

図９

実験１では、磁石の N 極をコイルに対して垂直に下ろして行くわけですが、このとき、磁石の動きにつれて、コイルを通過する下向きの磁力線は次のように変化しています（図９）。

増加↓
A：３本の磁力線がコイルを通過している
B：５本の磁力線がコイルを通過している
C：７本の磁力線がコイルを通過している

このようにN 極がコイルに近づくにつれて、コイルをつらぬく下向きの磁力線の本数が増加しているのがわかります。

では、実験２のN 極がコイルの面と平行に、コイルを横切る場合はどうでしょう。

N 極がコイルの上を左から右へ水平に移動するにつれて、コイルを通過する磁力線は次のようになります（図10）。

A：３本の磁力線がコイルを通過している
増↓
B：７本の磁力線がコイルを通過している
減↓
C：３本の磁力線がコイルを通過している

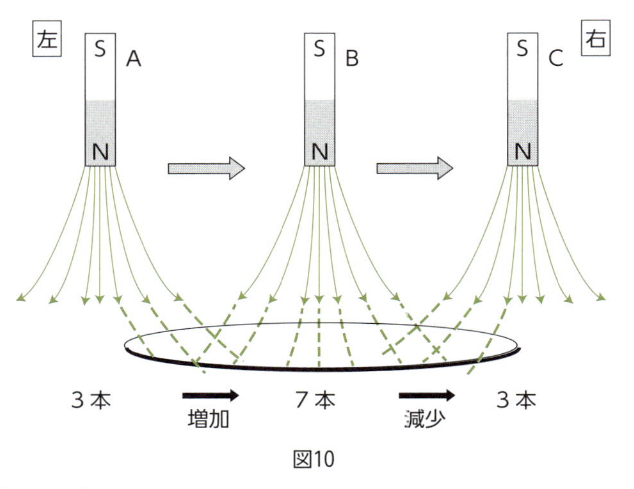

図10

このように、

「A から B まで磁力線が増加し、
B 付近では磁力線の増減はなく（常に７本）、
B から C まで磁力線が減少している」

ことがわかります。

実験１では、コイルを通過する磁力線は増加する一方でしたが、実験２では「増加し、一定になり、そして減少する」という複雑な変化をしています。この磁力線の変化の違いがコイルに流れる電流の違いとして現れたのです。

では、「コイルを通過する磁力線の変化と、コイルに流れる電流（誘導電流）とは、具体的にどのような関係にあるのか」、電磁誘導の核心にせまりましょう。

【解くための基礎・基本】小・中学校レベル

磁力線の増減とコイルに流れる電流の関係

例題１の解きほぐし（実験１）で得られた結果をもう一度示しておきましょう。

①磁石のＮ極をコイルに近づけるとき、電流は図11の向きに流れる。
②磁石のＮ極をコイルの中で静止させると電流は流れない。
③磁石のＮ極をコイルから遠ざけるとき、電流は①とは逆向きに流れる。
④磁石のＳ極で実験すると、Ｎ極とは電流の向きが逆になる。
⑤磁石を動かさず、コイルの方を磁石に近づけても電流は流れる。
⑥磁石の強さをどんなに大きくしても、動かさなければ電流は生まれない。

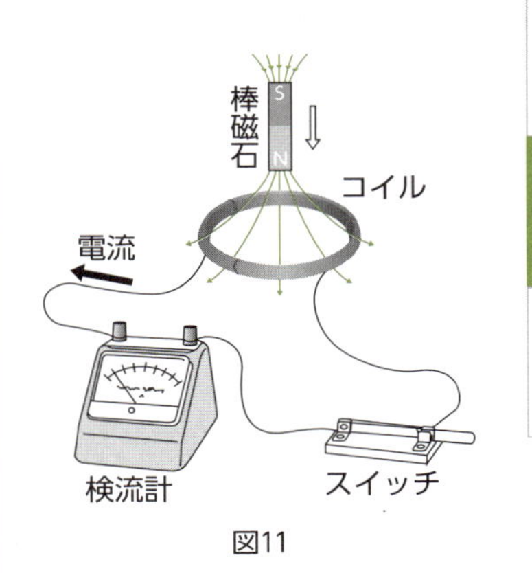

図11

①～⑥の結果からわかることは、コイルの中に電流をつくるにあたって大切なことは

「磁石の強さではなく、コイルの中をつらぬく磁力線の本数の変化だ」

ということです。「磁力の変化」、それをグラフィックで表した「磁力線の本数の変化」こそが電磁誘導を引き起こす鍵だったのです。ですから、どんなに強い磁石であっても、②や⑥のように磁石を静止させておいたのでは、コイルをつらぬく磁力線の数は変化しないので電流は生まれないのです。

では、①や③はどう説明すればよいのでしょう。まず、①の**磁石のＮ極をコイルに近づけるとき**ですが、図12(a)のように、コイルには〔１〕下向きの磁力線（薄い緑の線）が増加します。すると、この増加を妨げようとする〔２〕上向きの磁力線（濃い緑の破線）がコイル内に発生します。この磁力線が生まれるには、右ねじの法則によって〔３〕コイルには電流が流れていたはずだ、ということになるのです。事実、コイルには左回り（反時計回り）に電流が流れます。

では、③の**磁石のＮ極をコイルから遠ざけるとき**はどうでしょう。このときも、図12(b)のように〔１〕下向きの磁力線（薄い緑の線）が減少し、それを食い

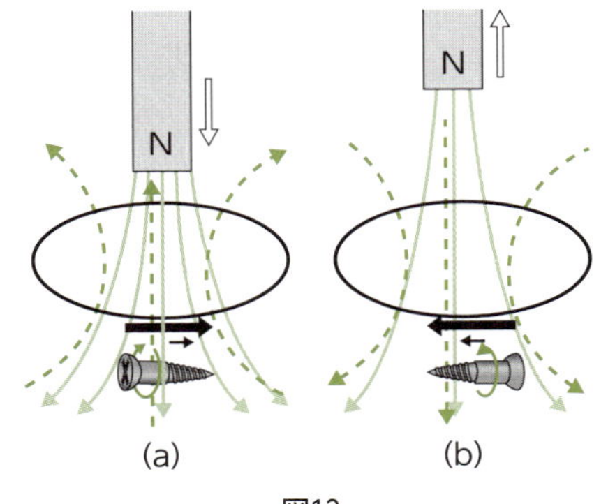

図12

止めるように〔2〕下向きの磁力線（濃い緑の破線）がコイル内に生まれる。そのためには〔3〕コイル内には右回り（時計回り）の電流が流れていたはずだといった具合です。

〔1〕が原因で〔3〕が結果ですね。この原因「外部の磁力線の変化」と結果「導線内に電流が流れる」を結びつけるのが〔2〕の**外部からの変化を妨げるためにコイル内に自発的に生まれた磁力線（内部磁力線）の存在**です。

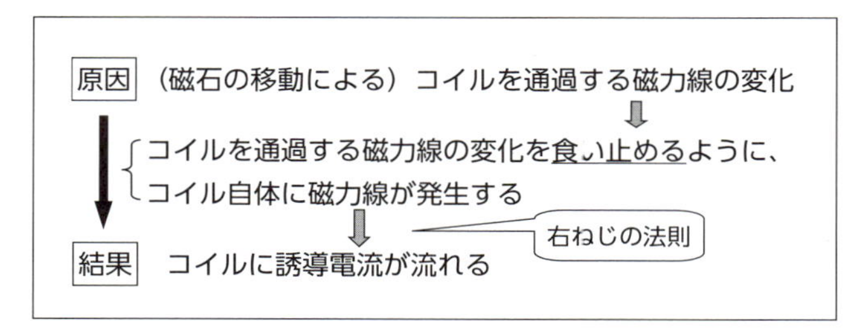

この〔2〕の発見の背後にあったファラデーの考え方は「自然は自ら変化を起こそうとしない」、また「自然は今の状態を保とうとする」というものです。だからこそ、外部からの磁力線の変化（増加や減少）に対して、コイル自体にそれを食い止めようとする磁力線が生まれる、という発想ができたのです。大胆な見通しがあったからこその発見だったのです。ただ闇雲（やみくも）に実験しても答えは見つからないのですね。

小学校理科でも、この科学の方法を大切にしています。小学校で学ぶ科学の方法には「比較しながら調べよう（３年生）」、「関連づけて調べよう（４年生）」、「条件を制御しながら調べよう（５年生）」、そして６年生の「推論しながら調べよう」が挙げられます。なお、2020年に改訂される学習指導要領では、「より妥当な考えをつくり出し、表現する能力」が６年生で培いたい力として加わります。これら科学の方法は理科の様々な分野の学習を通して身につけるよう配慮されています。

【解くための基礎・基本】

高等学校レベル　磁場の変化とコイルに流れる誘導電流の関係

高等学校でも電磁誘導は学習します。しかし、磁場の変化（磁力線の変化）と流れる誘導電流の向きについては小・中学校レベルと同じです。高等学校の教科書では、この関係を**レンツの法則**として取り上げています。

レンツの法則

磁石をコイルに近づけたり、コイルから遠ざけたりしたとき、コイルの内部の磁場が変化する。コイルに流れる電流（誘導電流）は、この磁場の変化を打ち消す方向に流れる。

外部の変化	誘導電流の向き
回路をつらぬく磁力線が増加	磁力線を減少させる向き
回路をつらぬく磁力線が減少	磁力線を増加させる向き

誘導電流は外部の変化を妨げる向きに流れる

磁石をコイルに近づけると…
N
コイル
下向きの磁力線が増加
コイルに上向きの磁力線が発生
誘導電流の向き

図13

では、コイルに誘導電流を生じさせる原因「磁石の移動（磁力線の変化）」と、その結果「コイルに流れる誘導電流」とを結びつける大胆な見通しを使って、例題1の解きほぐし（実験2）を説明してみましょう。

例題1の解きほぐしの実験2では棒磁石をコイルに対して平行に動かしていますので、問題としては例題1の（その2）と同じです。

ポイントは、コイルをつらぬく磁力線の本数の変化に着目することです。図14のように磁石のN極をゆっくりと右向きに動かすと、コイルをつらぬく下向きの磁力線の本数は

増↓ A：1本の磁力線がコイルを通過している
B：3本の磁力線がコイルを通過している
減↓ C：1本の磁力線がコイルを通過している

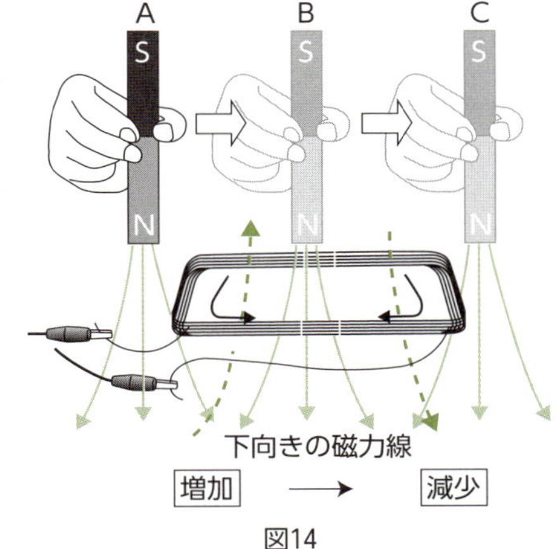

図14

このように、

①AからBまで磁力線が増加し、

②B付近では磁力線の増減はなく（常に3本）、

③BからCまで磁力線が減少している

となります。このとき、これを食い止めるような磁力線がコイル自体に生まれるのですから、この磁力線の向きは、①から②、そして③に対して、それぞれ

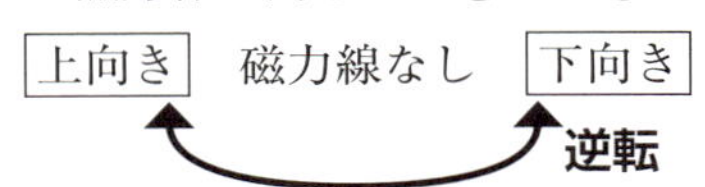

となります（図14の濃い緑の破線）。

ですから、コイル自体に生まれる磁力線の向きを聞かれれば、

上向き → 磁力線は生まれない → 下向き

と答えればよいのですが、ここではコイルを流れる電流の向きが問われていますので、「右ねじの法則」の出番となります。右ねじの法則は、導線に流れる電流の向きとその導線のまわりにできる磁場の向き（磁力線の向き）との関係を表す便利な法則です。

この右ねじの法則を使って、コイル自体に生まれる磁力線の向きと、コイルに流れる電流の向きを示したのが次の図15です。どちらも逆転していますね。

A～B：磁石がコイルに近づくとき
コイルの内部を下から上に向かう磁力線

B～C：磁石がコイルから遠ざかるとき
コイルの内部を上から下に向かう磁力線

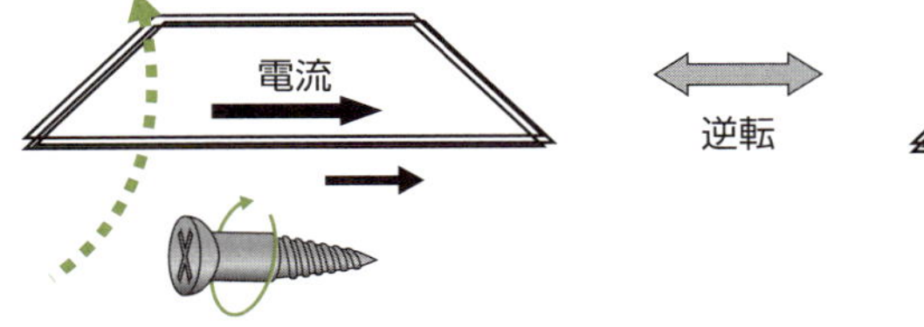

逆転

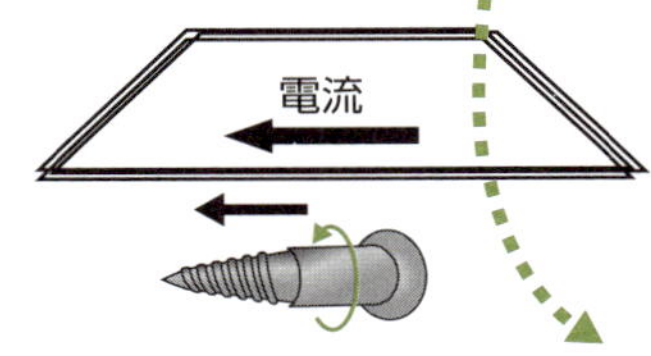

図15

コイルに流れる電流の向きはまず＋の向き（左回り）に流れ、最後は－の向き（右回り）に流れます。磁石の横方向の移動（磁力線の変化）によって、コイルに流れる電流の向きが途中で変わることがわかります。

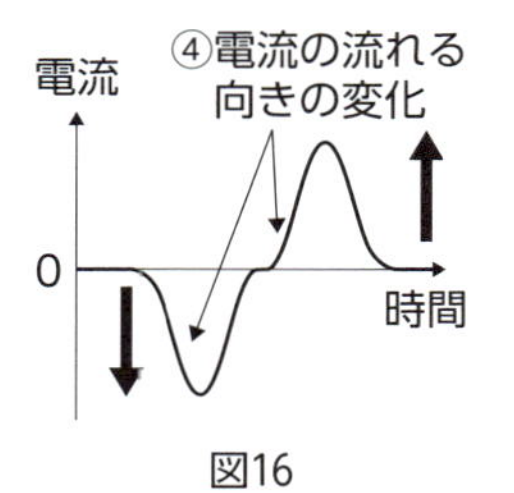

図16

例題１の（その２）も、同様で、磁石がコイルに近づくときは、コイルの内部を右から左に向かう磁力線が生まれ、磁石がコイルから遠ざかるときはコイルの内部を左から右に向かう磁力線が生まれます。ですので、まずBCA、次にACBの順に電流が流れます。この電流の流れる向きの変化をグラフから読み取るのです（図16）。

トピックス　悪戦苦闘の末にたどり着いた力線のアイデア

磁力線や電気力線はファラデーの独創によるものです。彼がこの力線のアイデアを武器に、電磁誘導の世界に切り込んでいった様子を見てみましょう。難解そうな「電磁誘導」が、グッと身近に感じられることでしょう。

マイケル・ファラデー
（英・1791～1867）

「真理をかぎ分ける鼻をもった男」、これがファラデーにつけられたニックネームでした。「電気56、磁気17、化学35、物理一般27、冶金（やきん）6、その他21」、ファラデーが生涯にわたって発表した研究報告の内訳です。この多岐にわたる業績をつらぬいていたファラデーの信念は、電流の磁気作用を発見したエルステッドと同じく、「自然に存在するさまざまな力は、その根底ではつながっており、互いに転化しうるものだ」というものでした。

エルステッドの発見：電流　→　磁気（電流から磁石が生まれる）
ファラデーの発見　：磁気　→　電流（磁石から電流が生まれる）

ですから、「電流から磁気が生まれるのなら、磁気から電流が生まれてもよいのではないか」という電磁誘導のアイデアも、ファラデーにとってはごく自然な発想だったのです。もちろん、電磁誘導の可能性については、ファラデー以外、たとえばアンペールも気づいていました。しかし、アンペール、また当初はファラデーさえも、「より強力な磁石を導線の側に置きさえすれば導線には電流が流れるにちがいない」という「磁石の強さ」に目を奪われ、「磁石と導線との位置の変化」という電磁誘導の核心に容易に気づくことはできなかったのです。

ファラデーの悩み：
「より強力な磁石を導線の側に置いても、導線には電流は流れなかった。
　では、磁石をどのようにすれば、導線に電流が生まれるのだろう」
「力は相互に転化する」、すなわち「磁石の力から、必ず電気を流そうとする力（電圧）が生まれるはずだ」という強い信念に支えられながらも、6年間も試行錯誤したファラデーは、ついに電磁誘導の現象を見つけ、さらにそのしくみを解明したのです。

「どんなに弱い磁石でも、磁石をコイルに対して動かせばコイルには電流が流れる」。このように磁石の運動がポイントでした。第4章で扱った電磁石も、また電磁誘導も

「電荷が動けば（→電流が流れれば）、磁場が生まれる」、

「磁石が動けば、コイルに電流が流れる」

というわけです。磁石の強さには関係がなかったのです。気づけば簡単なことですね。

では、なぜ磁石をコイルに近づけたり、遠ざけたりしたときにコイルに電流が生まれたのでしょうか。ファラデーは「磁力線」というアイデアを武器に、この難題に挑みます。「いったい、磁石の動きによって何が変化するのだろう」。6年間という長い思索の末に「磁力線の数の変化」に気づいたのです。

磁石の運動 ⇨ **コイルを通過する磁力線の数の変化**

- コイルに近づける ➡ 磁力線が増加する
- コイルから遠ざける ➡ 磁力線が減少する

この磁力線の数の変化こそが電流発生の鍵だったのです。どんなに強い磁石でも、コイルに対して静止させていたのでは、磁力線の数は変化しません。電流は生まれないのです。「コイルをつらぬく磁力線の数を変化させる」、これまた気づいてしまえば簡単なことです。

磁力線の変化に着目するのなら、以下の方法があります。

①磁石の方を静止させておき、コイルの方を動かす（図17）。

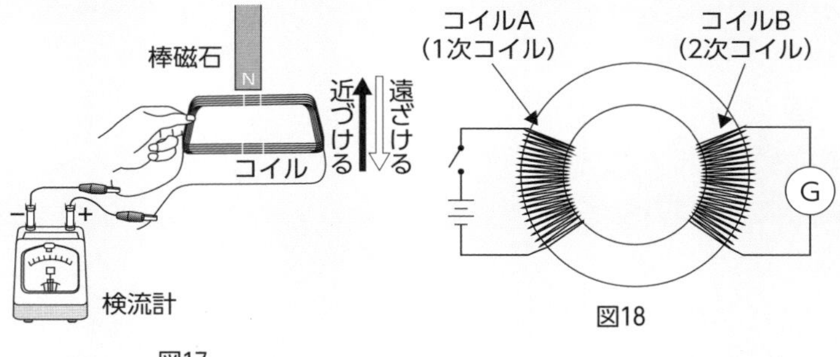

図17

図18

図19

また、磁石を用いなくても、

②図18のように一つのリングに、二つのコイル（AとB）を作っておき、コイルA（1次コイル）を流れる電流を変化させると、そこに発生する磁力線の数も変化する。その変化がリングを伝わり、もう一方のコイルB（2次コイル）を通過する磁力線もまた変化する。このとき、その変化を妨げるような電流がコイルB（2次コイル）に生まれる。

電柱の上に乗っている灰色の箱を見たことがあるでしょうか（図19）。これはトランス（変圧器）なのですが、変電所から送られてきた高電圧の電流を、100ボルトに直して各家庭に送るはたらきをしています。このトランスの中には、実は二つのコイルからできたリングが入っています。

このようにいろいろなパターンが考えられ、すべて同じ現象が起きていることがわかります。電磁誘導は磁石とコイルに限った現象ではなかったのです。この気づきは大きいです。

探究

電磁誘導と電磁石は表裏一体……コイルと磁石にはたらく力

コイル（導線）に電流が流れると、第４章で見たようにコイルは磁石（電磁石）になりました。すると、棒磁石と、電流が流れ磁石になったコイルの間には、磁石どうしにはたらく力（磁力）が生まれていたことになります。

この様子を例題１の解きほぐしの実験２で確認してみましょう。図20ではコイルを手で支えていますが、次のときに、手にはどんな力がはたらくのでしょうか。

A：磁石（N 極）がコイルに近づくとき

B：磁石（N 極）がコイルから遠ざかるとき

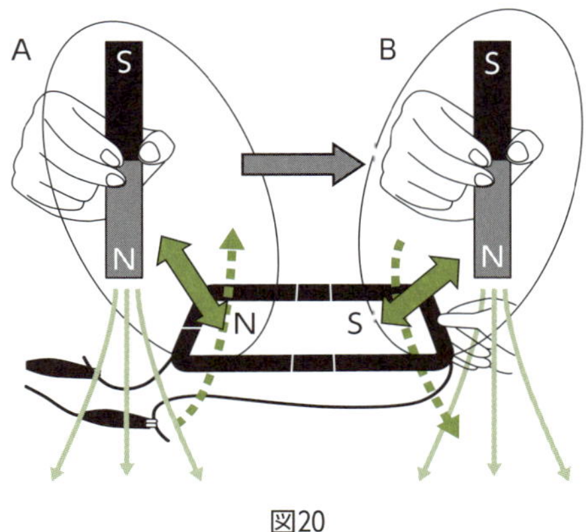

図20

押し返されるような力（反発力）でしょうか、それとも引っ張られるような力（引力）でしょうか。磁石と磁石の間にはたらく力ですが、ここでも考える基本は磁力線です。

磁石のN極は、**磁力線の出口**（磁力線が出ていくところ）

磁石のS極は、**磁力線の入口**（磁力線が入ってくるところ）

このように磁力線の出入りの様子で磁石になったコイルの極がわかります。その結果、A では「棒磁石の N 極とコイルの N 極が出合うため反発力がはたらき」、B では「棒磁石の N 極とコイルの S 極が出合うため引力がはたらく」ことになります。このことを手がかりに、次の問題にチャレンジしてみましょう。

高校入試問題

(2015年度清風南海高等学校入試問題／理科大問2・Ⅱ問7、一部改変)

図21のように、なめらかな平面に台車を置き、台車の上面にコイルを固定します。この台車に右向きの速さを与えると、台車は、2本の磁石A、Bの下を通過しました。磁石A、Bの下を通過する前後での台車の速さの変化について、それぞれア～ウから選びなさい。ただし、各磁石を通過する前後でのみコイルに電流が流れているものとします。同じものを選んでもよいです。

N 磁石A　S 磁石B　コイル

図21

ア　減速する　　イ　加速する　　ウ　変化しない

解答例▶　磁石A、Bの下を通過する前後ともア

例題のねらい　どこに着目するか

着目する点は、次の二つです。

電磁誘導　：　コイルに生まれる磁力線の向き
磁石と磁力線：　N極は磁力線が出るところ、S極は磁力線が入るところ

最初の磁石Aとコイルの関係は例題1（その2）やその解きほぐしの実験2と同じ状況ですね。問題は磁石Bとコイルの関係です。

同じ磁石でも、今度は「S極が近づき、そして遠ざかる」ことになります。「先ほどとは状況が違うから……もう、お手上げだ」でしょうか。

では、手がかりとして図22をあげておきましょう。まず、台車が磁石B（S極）に近づく場合、同図(a)のようになります。

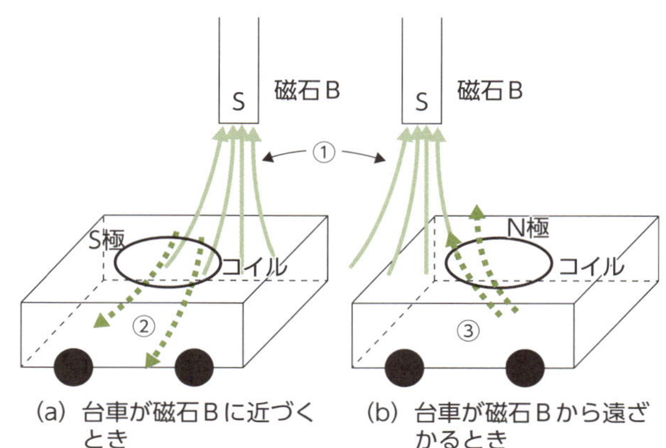

図22

①磁石B（S極）の磁力線の向きは上向き

②磁石Bに近づくとき、コイルには上向きの磁力線の増加を妨げる向き（下向き）に磁力線が生まれる　→　コイルに磁力線が入る　→　コイルの上面はS極

では台車が進んで、磁石Ｂから遠ざかるときの様子はどうでしょうか。同図(b)のようになります。

①磁石Ｂ（Ｓ極）の磁力線の向きは上向き

③磁石Ｂから遠ざかるとき、コイルには上向きの磁力線の減少を妨げる向き（上向き）に磁力線が生まれる　→　コイルから磁力線が出る　→　コイルの上面はＮ極

このように、「磁石Ｂとコイルの磁力線の出入りの様子」をはっきりさせることができれば、この①～③から

台車が磁石Ｂに近づくとき　：　磁石Ｂ（Ｓ極）とコイル（Ｓ極）→　両者は同じ極

台車が磁石Ｂから遠ざかるとき：　磁石Ｂ（Ｓ極）とコイル（Ｎ極）→　両者は異なった極

となります。

このとき、台車はどのような動きをするでしょうか。図23を見てください。

台車が磁石Ｂに近づくとき：
　磁石とコイルはともにＳ極なので、
　両者は反発

台車が磁石Ｂから遠ざかるとき：
　磁石はＳ極、コイルはＮ極なので、
　両者は引き合う

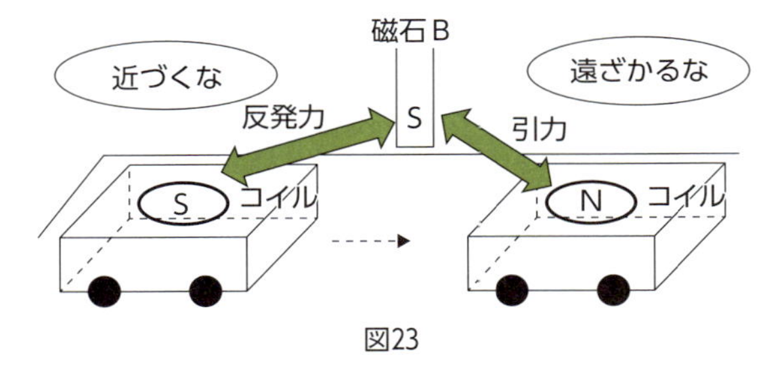

図23

このように、台車の動きは

「磁石Ｂには近づきにくく、遠ざかりにくい」

となります。ここにも「変化させようとすると、コイルにはそれを妨げるような力がはたらく」という電磁誘導の基本的な考え方が表れています。自然は変化を嫌うのですね。ファラデーがこの台車の動きを見れば、さぞ喜んだことでしょう。

02 誘導電流の大きさを変える（ファラデーの法則）

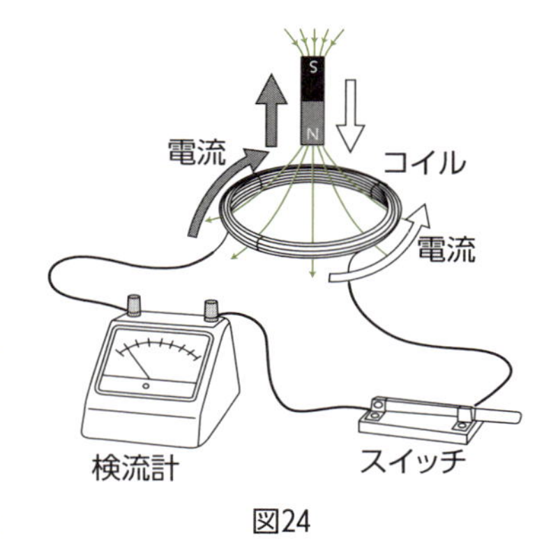

図24

第１節では電磁誘導の秘密にせまりました。そこでは、磁石の強さではなく、コイルをつらぬく磁力線の数の変化が電流発生の決め手でした。図24で確認しておきましょう。

Ｎ極をコイルに近づけるとき、電流は左回りに流れ、

Ｎ極をコイルから遠ざけるとき、電流は右回りに流れる。

このように磁石の出し入れでコイルに発生する電流の流れる向きが変わったのですが、第２節ではコイルを流れる電流（誘導電流）の量を増やすことを考えます。コイルに電流をたくさん流すには、磁石を、またコイルをどのようにすればよいのでしょう。

実は、ファラデーはこの電流を多くするための「磁石の出し入れの方法」や「コイルの形状」についても調べています。では、このコイルに流れる電流の大きさに着目した大学の入試問題にチャレンジしましょう。

例題２　大学入試問題

（2013年度大学入試センター試験／物理Ⅰ〔本試験〕第２問・問１、問２、一部改変）

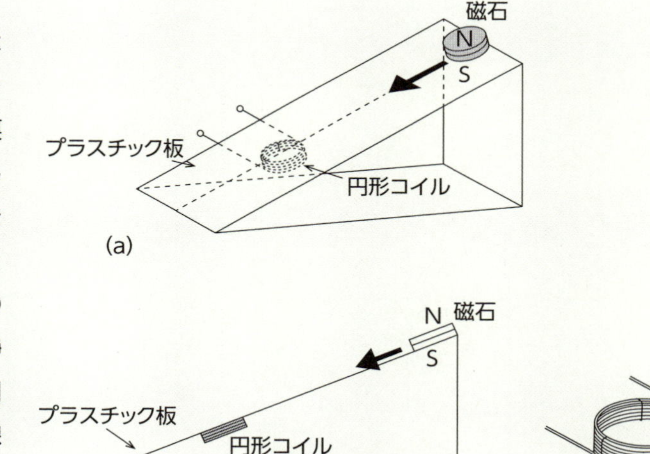

図25

図25（a）、（b）のように、薄いプラスチック板でできた斜面の裏に、図25（c）で示したようなエナメル線を巻いて作った円形コイルを取り付けた。この斜面の上端で磁石を静かに離すと、磁石は図25（a）で示した破線に沿って斜面をすべり、コイルの真上を通った。ただし、斜面と磁石の間の摩擦は無視できるとする。また、磁石の上面はＮ極、下面はＳ極であり、磁石は斜面上で常に等加速度直線運動をするものとする。

問１　コイルの両端の端子に検流計を接続した。最初、磁石を斜面の上端で静かに離すと、磁石はコイルの真上を通過して検流計の針が振れた。次に、下のアまたはイのいずれかの操作のみを行って、それぞれ磁石を同じように斜面の上端からコイルの真上を通過させた。このときに検流計の針の振れの大きさは、ア・イのいずれの操作も行っていない最初の場合と比べてそれぞれ大きくなるか、小さくなるかを答えよ。ただし、コイルのエナメル線の抵抗は無視できるものとする。

操作ア：磁石を、より強い磁石と取り替える。

操作イ：コイルの巻き数を半分にする。

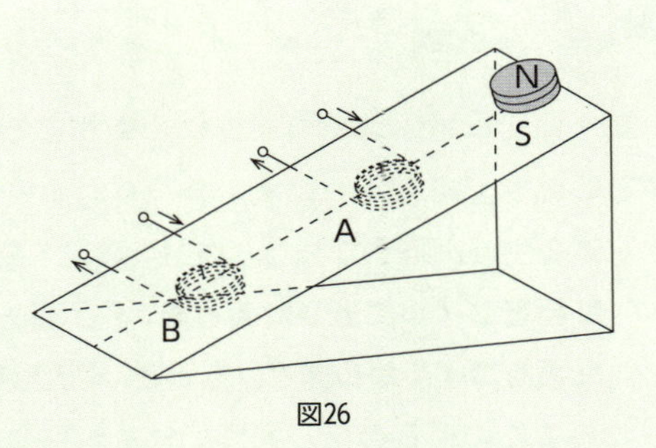

図26

問2　次に、図26のように、形状と巻き数がともに同じ二つのコイルA、Bを用意し、これらを斜面の裏側に同じように取り付けた。磁石を斜面の上端で静かに離し、これら二つのコイルの真上を通過させるときにコイルに生じる電圧をオシロスコープで測定した。このとき、コイルA、Bのそれぞれの両端に生じる電圧の時間変化を表すグラフとして最も適当なものを、下の①～④のうちから一つ選べ。ただし、図26の矢印の向きに電流が流れたときの測定電圧を正とする。

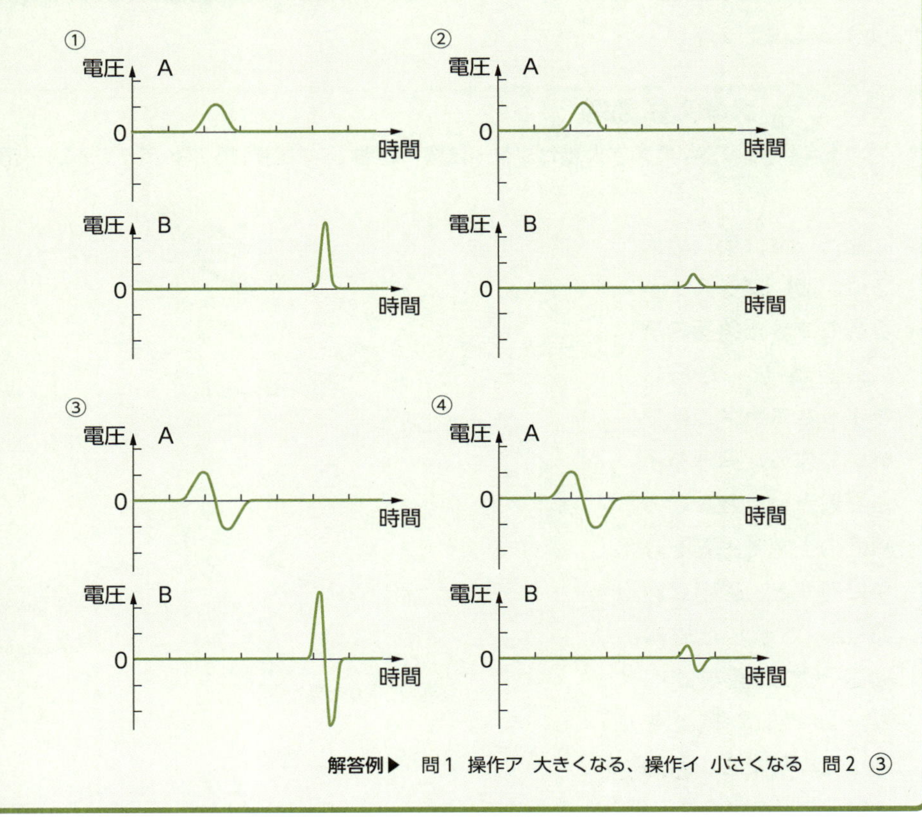

解答例▶　問1　操作ア　大きくなる、操作イ　小さくなる　問2　③

例題のねらい　なぜ難しいと感じるのか

まず問題文の長さに驚かされます。しかし、問題の状況は簡単に言ってしまえば、次の①～③のたった三つなのです。

①　磁石が斜面をすべってコイルの真上を通過する。

②　①のとき、コイルを貫通する磁力線が変化する（磁石の動きはコイルと平行）。

③　コイルには誘導電流が流れる。

これだけなのですが、ここには注意しなければならないいくつかの「ポイント」が隠されています。それに気がつくかどうかです。

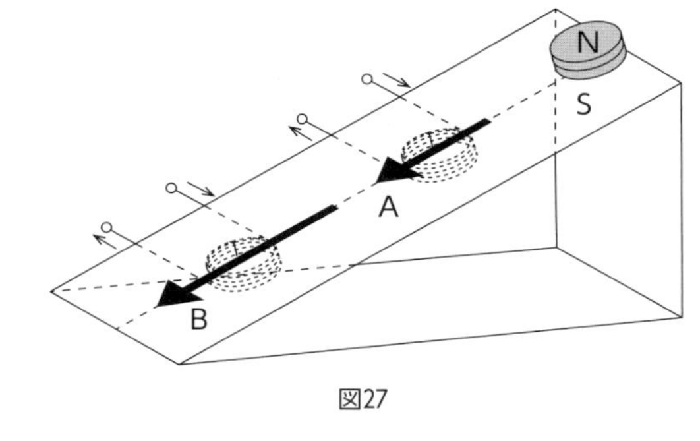

図27

まず①の「磁石が斜面をすべってコイルの真上を通過する」では、斜面ですから磁石の速さは変化します。図27では、矢印の長さで二つのコイルを通過するときの磁石の速さを表しています。

コイルBを通過する速さ　＞　コイルAを通過する速さ

このコイルを通過する磁石の速さの違いが、実は③のコイルに流れる電流の大きさに変化を与えるのです。

コイルに流れる誘導電流の向きは、磁石の動く向き（磁力線の変化の向き）で決まりました。流れる誘導電流の大きさは、この磁石の動く速さ（磁力線の変化の速さ）で決まるのです。

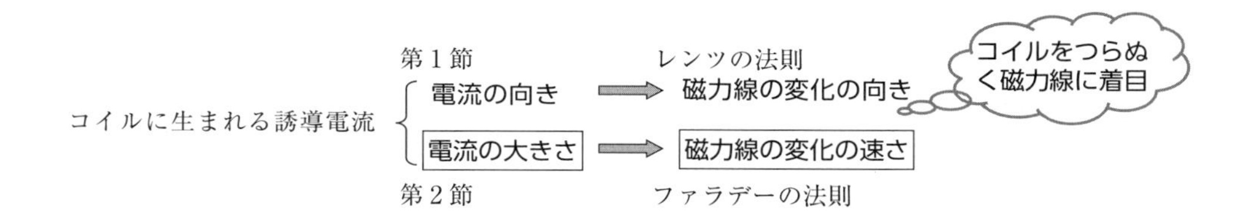

このように、誘導電流は流れる向きも、またその大きさもコイルをつらぬく磁力線で決まることになります。電磁誘導にとって磁力線は有力な情報を与えてくれる大切なアイデアなのですね。磁力線の変化の速さと誘導電流の大きさの関係もまたファラデーによって発見されました。ファラデーの法則と言われる所以（ゆえん）です。

さて、例題2を見ると「斜面」、「等加速度直線運動」や「斜面に埋め込まれたコイル」など難しい用語が並んでいます。ここで、「斜面」を「すべり台」に置き換えればどうでしょう。すべり台の上に置かれたボールならだんだんと速く転がることは、園児だって知っています。問題の見かけの難しさに目を奪われて、「現象の核心」を見失ってしまっては、ゴールである「③コイルに誘導電流が流れる」には到達できません。現象の核心とは次の2点です。

○磁石はコイルに対してどのように近づき、また遠ざかるか　→　①に着目

○磁力線はどのように変化しているか（変化の向き、変化の速さ）→　②に着目

ファラデーの法則は高等学校で学習する内容ですが、「斜面上を磁石が落ちてきて、斜面に置かれた二つのコイルを通過したときに流れる電流を比較する」という手の込んだ問題は、実は大学入試だけではなく中学生を対象とした高校入試にも出題されています。法則を使わなくても、現象をイメージ豊かにとらえることで、中学生や小学生にでも解けてしまうのです。それでは例題2の解きほぐしです。

小・中学生用問題

（2015年度群馬県公立高等学校入試問題／理科大問６（１）、（２）、一部改変）

磁石とコイルを用いて、電流を発生させる実験を行った。次の問いに答えなさい。空気の抵抗や、台車と板との摩擦は考えないものとします。

実験１ 図28のように、コイルＡ、Ｂの中に板を通し、水平に置いた。その板の上に、磁石を固定した台車を置き、手でポンと押してコイルＡ、Ｂの中を通過させたところ、コイルＡ、Ｂに接続した検流計の針は、それぞれ＋側に振れた後、－側に振れた。

次に、検流計からオシロスコープにつなぎ換えて同じ実験を行い、時間とコイルＡ、Ｂに生じた電圧の関係をそれぞれオシロスコープの画面に表示させたところ、図29のようになった。

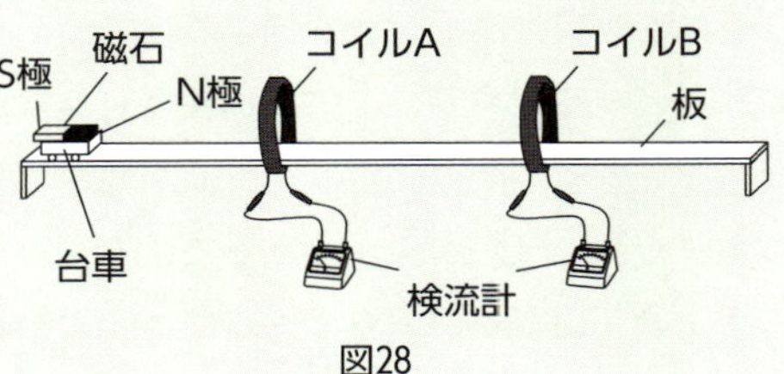

図28

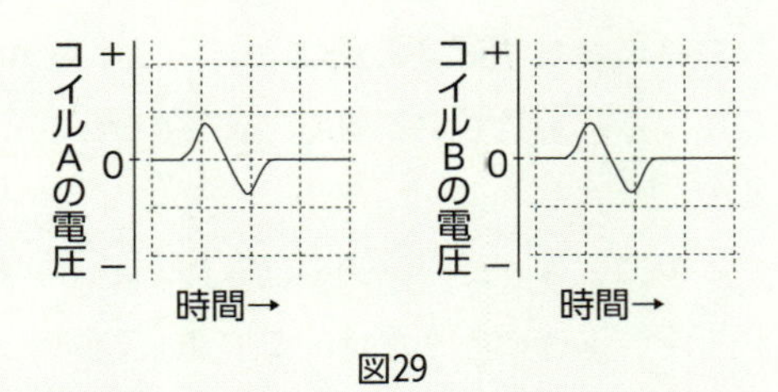

図29

実験２ 図30のように、実験１でオシロスコープにつないだ装置を傾けて置いた。台車を斜面上方から静かに離して、コイルＡ、Ｂの中を通過させた。

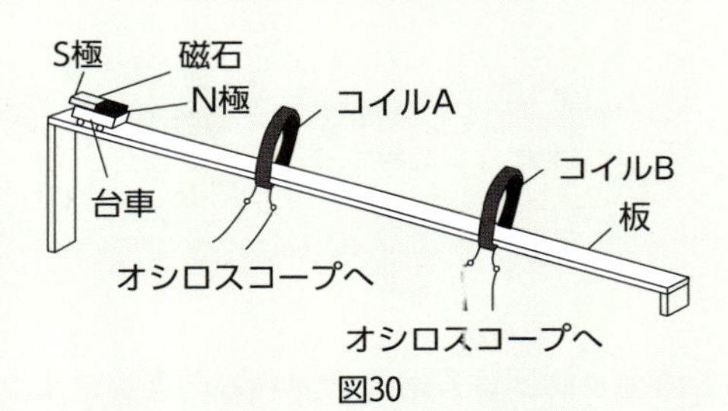

図30

問１　次の文は、**実験１**でコイルＡ、Ｂに起きた現象について述べたものです。文中の（　　）に当てはまる語をそれぞれ書きなさい。

> 磁石がコイルに近づいたり離れたりするときに、コイルの内部の磁界が変化し、コイルに電圧が生じる。この現象を（　　　）といい、このときコイルに流れる電流を（　　　）という。

問２　**実験２**において、時間とコイルに生じた電圧の関係をオシロスコープの画面に表示させると、コイルＡでは図31のようになった。コイルＢのものとして適切なものを下のア～エから選びなさい。また、コイルＡと比べ、コイルＢの電圧に変化が生じた理由を台車の運動と磁界に着目して簡潔に書きなさい。

図31　ア　イ　ウ　エ

コイルAの電圧　＋　0　－　時間→

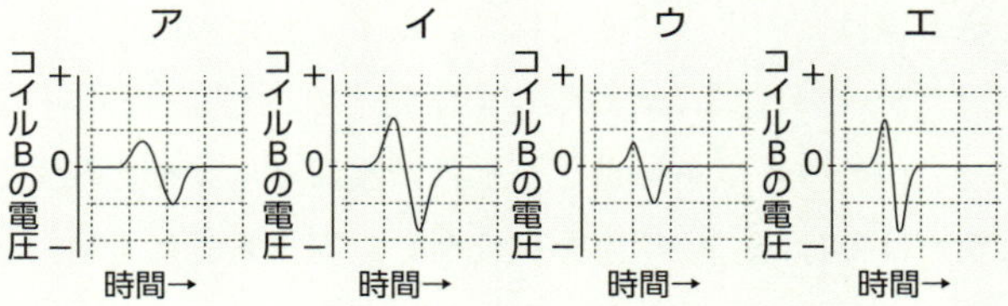

コイルBの電圧　＋　0　－　時間→

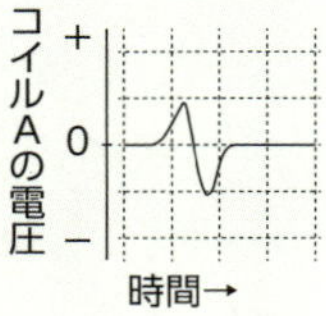

解答例▶　問１　電磁誘導、誘導電流　問２　エ（理由は次の解説参照）

解説　解くための基礎・基本

問2は大学入試問題とまったく同じです。ただ、この解きほぐしでは、ファラデーの法則なんて持ち出さずに実験1の結果のみを使って実験2の結果を**推測する**ことになります。磁石がコイルを通過する際に、電流が＋側から－側になぜ振れるのかについては知らなくてもよいのです。

【実験1】 水平な板の上での磁石の動き

→　コイルA、Bを通過する磁石の速さは同じ　→　コイルA、Bには同じ電圧が生まれる（実験結果）→　コイルA、Bには同じ量の電流が流れる

【実験2】 斜面上での磁石の動き

→　コイルA、Bを通過する磁石の速さが違う：「Bを通過する速さ＞Aを通過する速さ」

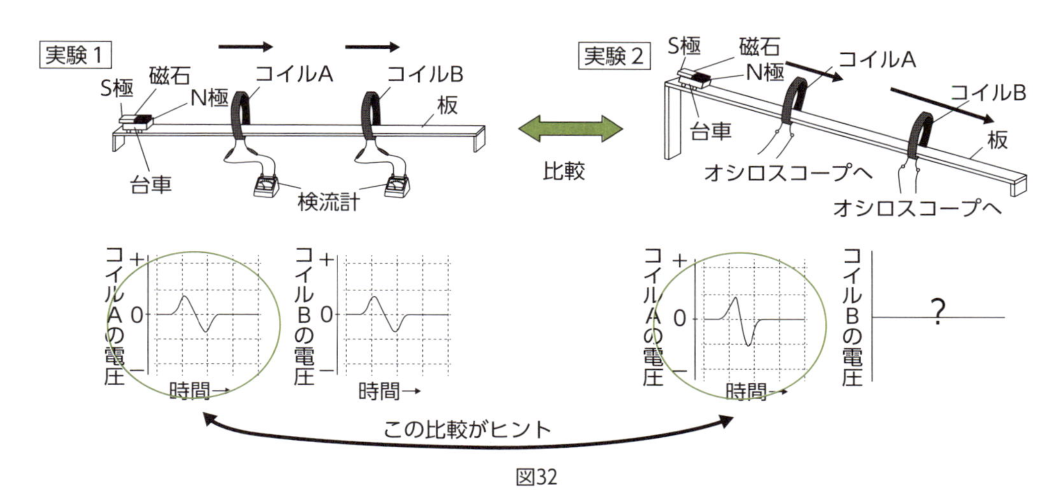

図32

実験1と2の違いは、コイルA、Bを通過する磁石の速さだけです。コイルの形や磁石がコイルを通過するときの様子に違いはありません。実験1の結果（図33）から、もし、実験2でも二つのコイルA、Bを通過する磁石の速さが同じなら、コイルBに生まれる電圧はグラフの形もその大きさもコイルAの電圧と同じになります。

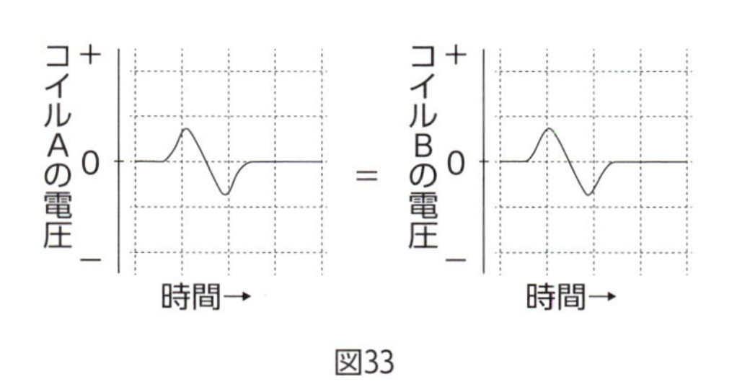

図33

しかし、実験2では、コイルA、Bを通過する磁石の速さは

Bを通過する速さ ＞ Aを通過する速さ

ですから、コイルBに生まれる電圧や電流はコイルAとは異なってくるはずです。その違いを探ってみましょう。このときのヒントになるのが、実験1のコイルAの電圧と実験2のコイルAの電圧のグラフです。比較してみましょう。

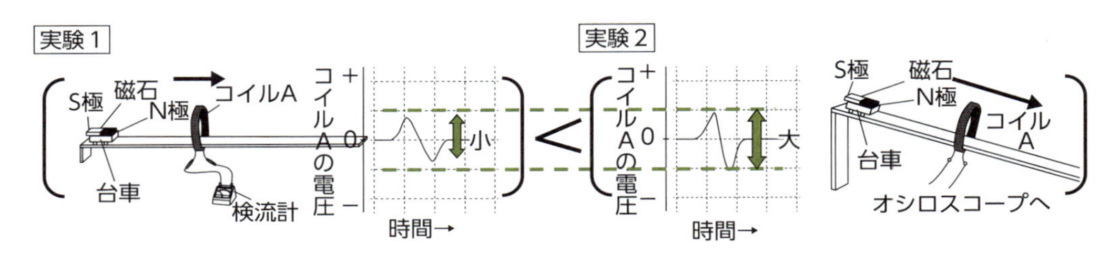

	板の形	コイルを通過する台車	コイルに生まれる電圧	コイルに流れる電流
実験1のコイルA	水平	一定の速さ	一定	一定
実験2のコイルA	**斜面**	**加速した分だけ速い**	**大きくなる**	**多くなる**

図34

このように、コイルを通過する磁石の速さが速くなるほど、コイルにはより大きな電圧が生まれ、多くの誘導電流が流れることになるのです。これはファラデーの法則にほかなりません。解きほぐしでは、実験の結果としてファラデーの法則を示していたのです。

では実験2のコイルAとコイルBの電圧の大きさを比較してみましょう。

まずは、「磁石の動かし方を速くするとコイルには多くの電流が流れる」ので、コイルBの電圧を表すグラフはその振幅（高さや低さ）が大きくなっています。イやエが該当しますね。では、イとエは何が違うのでしょう。

次に注目するのは、磁石がコイルA、Bを通過する時間です。コイルBを通過する時間はコイルAを通過する時間よりも短いですから、②「コイルAに比べるとコイルBには短時間しか電流は流れない」ことになります。エのグラフが該当します。

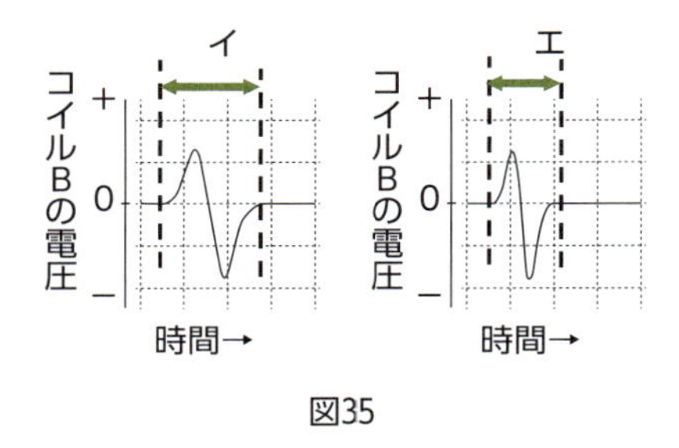

図35

実験1と2の比較から、斜面の下の方にあるコイルBにかかる電圧や電流は次のようになります。

①大きな電圧がかかり、多くの電流が流れる　**【←ファラデーの法則】**

②磁石がすばやく通過するので、電圧は短時間しかはたらかない

①、②を導く鍵は、「斜面上では磁石はどのように動くか」という私たちが幼い頃から慣れ親しんでいる体験そのものなのです。コイルに流れる誘導電流の大きさを左右する規則、すなわちファラデーの法則が解くための基礎・基本です。

【解くための基礎・基本】
小・中・高校レベル
誘導電流の大きさを決めるファラデーの法則

磁石をコイルに近づけるとコイルには電流が流れましたが、ファラデーはその近づけ方に注目します。ここでもファラデーの考える武器は磁力線です。

図36のように、磁石（N極）をコイルに近づけるとき、速く近づけようが、ゆっくり近づけようがコイルをつらぬく下向きの磁力線の数は増えます。しかし、速く近づけたときはどうでしょ

う。「磁力線の増え方が速くなる」、実はこの磁力線の変化のスピードがコイルに流れる電流の量を決めていたのです。

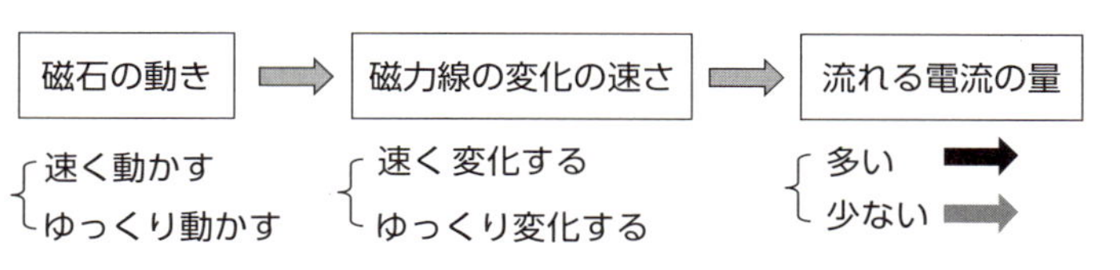

棒磁石

S

N

コイル

図36

ですから、どんな強い磁石であってもじっとさせておいたのではコイルには電流は流れない。弱い磁石であっても、コイルに対してすばやく動かせばより多くの電流が流れることになります。さらに1巻きコイルよりも2巻き、3巻きと、コイルの巻数が多いほど1巻きの2倍、3倍とより多くの電流が流れることもわかります。

下の式は、コイルに電流を流そうとする力（電圧 V）が、磁力線の変化（記号 Φ（ファイ）が磁力線、t が時間を表しています）とコイルの巻数 N で決まる様子を表そうとしたものです。式のマイナス記号（－）は、コイルに流れる電流がコイルをつらぬく磁力線が増える（減る）ときは、それを減らす（増やす）向きに流れることを示しています。

$$V = -N\frac{\Delta\Phi}{\Delta t}$$

V：電圧、N：N巻き、$\frac{\Delta\Phi}{\Delta t}$：磁力線の変化

$\frac{\Delta\Phi}{\Delta t} > 0$ ⇒ $V < 0$
磁力線の増加 → 減らす向き

$\frac{\Delta\Phi}{\Delta t} < 0$ ⇒ $V > 0$
磁力線の減少 → 増やす向き

もちろん式なんて覚える必要はありませんが、しかし、こんな簡単な式で誘導電流の向き（レンツの法則）や、その大きさ（ファラデーの法則）を言い表すことができるのです。言葉やイメージを圧縮したもの、それが式なのですね。

では、レンツの法則やファラデーの法則を使って例題2を説明しておきましょう。

斜面上の磁石の運動から、コイルAやBを通過する速さには次の関係が成り立ちました。ファラデーの法則の出番です。

コイルBを通過する速さ ＞ コイルAを通過する速さ
⇩
コイルBの磁力線の変化 ＞ コイルAの磁力線の変化
⇩
コイルBに流れる電流 ＞ コイルAに流れる電流

【ファラデーの法則】
コイルを通過する磁力線の変化が大きいほど、コイルには多くの電流が流れる

このようにコイルBを流れる電流の方が多いのですが、それを表しているグラフは図37の①か③です。電圧が大きいほど、コイルを流れる電流は多くなるからです。

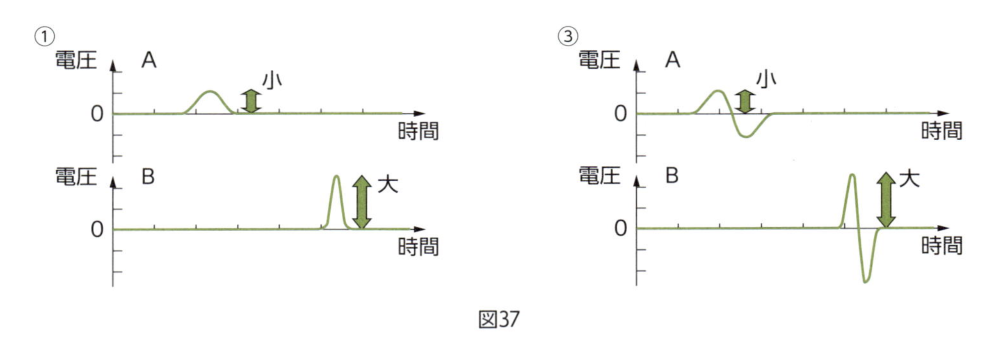

図37

では、グラフ①と③では何が違うのでしょう。①のグラフでは電圧は一方向（＋の方向）のみですが、③のグラフは二方向（＋の方向から－の方向）にかかっています。電圧の向き（したがって電流の向き）が違うのです。この電圧の向き（電流の向き）はレンツの法則から「磁石の動きにともなう磁力線の変化」に関係しました。磁石の動きに目を向けると、これは例題１（その２）と同じ通過のしかただと気づきます。

図38のように流れる電流の向きは変化するのです。

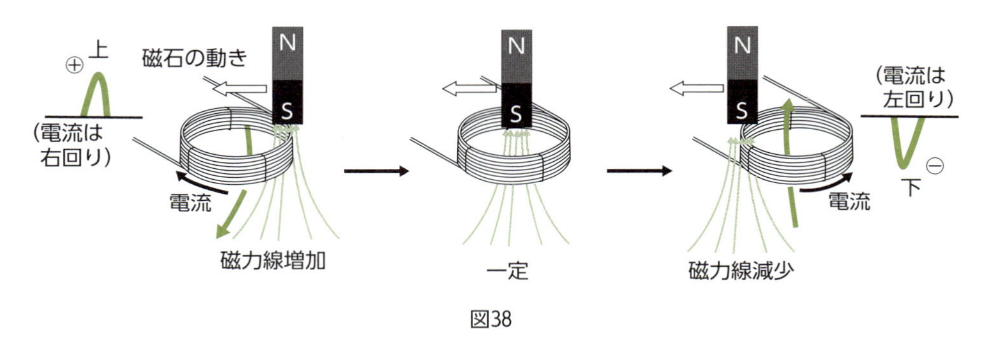

図38

03 手回し発電機から広がる電気の世界（モーターの二つのはたらき）

次の例題は、手回し発電機に関するものです。これは、ハンドルを手で回すことで力学的エネルギーを電気エネルギーに変換する装置でしたね。発電するしくみは電磁誘導によって説明できました。手回し発電機の発電部分にはモーターが使われていましたが、モーターはコイルを手で回すと発電機になり、またコイルに電流を流すと電動機になるという二つの顔を持っていました。このモーターの二つのはたらきを考えなければならない問題に挑戦です。

大学入試問題

（2009年大学入試センター試験／物理Ⅰ〔本試験〕第１問・問２、一部改変）

手回し発電機は、ハンドルを回転させることによって起電力を発生させる装置である。

リード線にａ～ｃのような接続を行い、いずれの接続の場合でも同じ起電力を発生するように、同じ速さでハンドルを回転させた。ａ～ｃの接続について、ハンドルの手ごたえが軽い方から重い方に並べよ。

ａ：豆電球を接続　　ｂ：リード線どうしを接続

ｃ：不導体の棒を接続

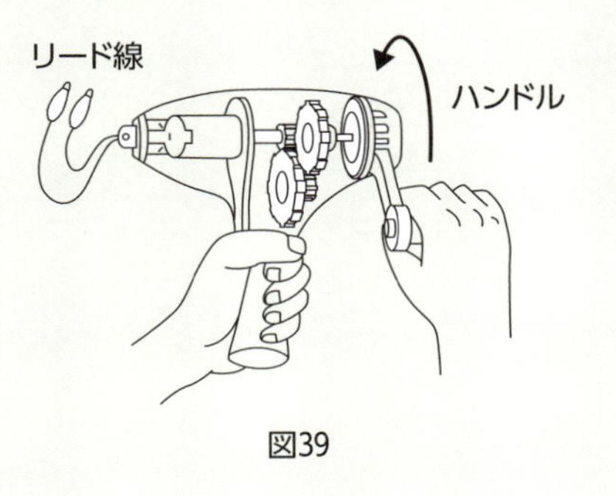

図39

解答例▶　ｃ、ａ、ｂ

例題のねらい なぜ難しいと感じるのか

手回し発電機は小学校理科でも登場しますから、日頃からリード線の間にモーターや豆電球、また鉛筆や消しゴムなど身近な導体や不導体をはさんでは、いろいろと試している小学生なら難なく解けてしまうことでしょう。逆に経験のない高校生にとっては、難問だったに違いありません。

事実、リード線の間に

ａ：豆電球

ｂ：何もはさまないでリード線どうしをつなぐ

ｃ：不導体（たとえば消しゴム）

をはさんでハンドルを回転させると、ハンドルの手ごたえは軽い順に次のようになります。

軽い　ｃ：不導体の棒を接続、ａ：豆電球を接続、ｂ：リード線どうしをつなぐ　重い

「これなら知っている」という実感が大切で、なぜ、ｂのショート（短絡）の手ごたえが一番大きいのかの理屈は、後から考えればよいのです。

ちなみに、高校３年生を対象にしたとき、間違いが多かったのは次のとおりです。

軽い　ｂ：リード線どうしをつなぐ、ａ：豆電球を接続、ｃ：不導体の棒を接続　重い

実験結果ではbのショートの手ごたえが一番重いのに、高校生の予想では一番軽くなってしまったのです。これはまったく意外な結果です。

では、なぜ高校生は間違えてしまったのでしょう。また、なぜ、小学校時代の体験を生かすことができなかったのでしょう。そこには、このようになるに違いないという高校生なりの根拠（悪く言えば思い込み）があったからです。例題3の解きほぐしの前に、この高校生の考えた見通し、「理屈」を探ってみましょう。

以下は「リード線どうしをつなぐ」を一番軽いとした高校生A君の理屈です。でも、この理屈はどこかがおかしいのです。

A君：手回し発電機は、発電機だから電気のエネルギーを送り出しています。そのエネルギーが豆電球などで消費されるんです。だから、豆電球のかわりに電気の通りにくい、たとえば消しゴムなどをはさむと、そこに電気を通らせるには、うんと力を入れないといけない。

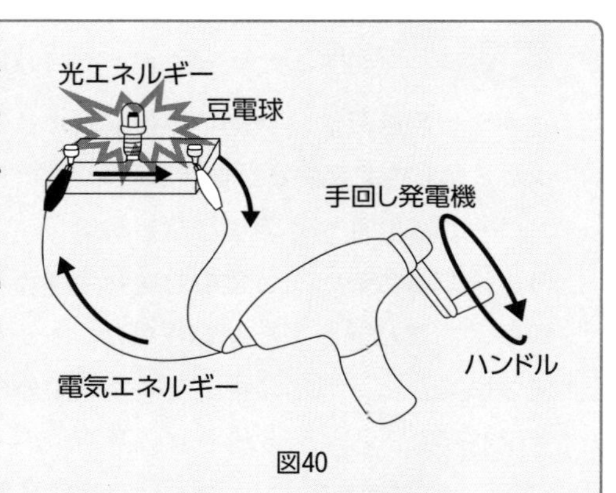

図40

先生：だからハンドルが重くなるんだね。

A君：そうです。狭い通路に人を通らせるには背中を押してあげるのに似ています。

先生：ショートの場合はどうなるの？

A君：ショートって、リード線の間に何もはさまないことですよね。ということは、何も力を入れなくても電気はスムーズに流れるはずです。だって、邪魔するものがないんですから。だから、ハンドルの一番軽いのがbの「リード線どうしを接続」で、一番重いのがcの「不導体の棒を接続」となるんです。

いかがでしょう。高校生A君の発想の根っこには、リード線の間にはさむものを「人が通る廊下」にたとえようとする考えがあります。だから一番通りやすいのはリード線の間に何の抵抗もない「**b：リード線どうしをつなぐ**」場合で、逆に最も抵抗の大きい「**c：不導体の棒を接続**」が一番通りにくいものとなります。

確かに電流の流れやすさに注目すれば、上のA君の主張のとおりですが、しかし、ここには落とし穴があります。それは、手回し発電機のつくった電流がリード線を通して、もう一度手回し発電機へと流れ込んでいるという点です。手回し発電機の中にはモーターが入っているので、手回し発電機がつくった電流で自分自身のモーターを回していることになります。

では、a～cで最もたくさんの電流が手回し発電機に流れ込んでいるのはどれでしょうか。それが、A君の挙げた順番に出ています。

手回し発電機に流れ込む電流が多い順

b：リード線どうしをつなぐ、　a：豆電球を接続、　c：不導体の棒を接続

では、この手回し発電機でつくった電流は発電機自身のモーターをどの向きに回転させているのでしょうか。もし、ハンドルの回転の向きと逆向きだとしたら、電流が最も多く流れる場合がハンドルの手ごたえが最も重いことになります。なぜなら、モーターの回転は手回し発電機のハンドルの回転を邪魔するからです。

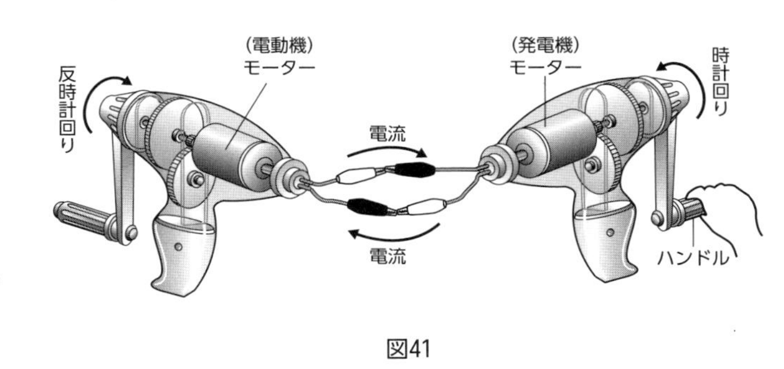

図41

このことを確かめるためには、手回し発電機を２台用意して図41のようにつなぐとよいでしょう。右側の発電機のハンドルを時計回りに回したとき、左側の手回し発電機のハンドルは、それとは逆の反時計回りに回るのが確かめられます。左側の手回し発電機には電流が流れ込み、発電部分のモーターが電動機としてはたらいたのです。

「手回し発電機の発電部分にはモーターが使われている」、これは誰にだってわかります。しかし、ショートさせるというびっくりするような質問をされると、またこの発電機と電動機のはたらきの違いが具体的にイメージできていないと、高校生のＡ君のように流れる電流だけ、つまりは発電機のはたらきにしか目に入らなくなってしまうのです。

この手回し発電機の問題を、もしファラデーならどう答えるでしょう。

「ハンドルを回す向きとモーターの回転の向きとが同じなら、モーターが回転すればするほど、より軽い力で発電できることになりますよ。しかも、モーターの回転する力は流れる電流が多いほど大きいですから、ハンドルを回せば回すほどハンドルは軽くなって、最後には、ハンドルは勝手に回りながら発電できることになる。これこそ夢の発電機ですね。21世紀には、こんな夢の発電機ができているのですか？」と聞かれそうですね。

いったい手回し発電機のモーターの中では何が起こって、このような逆回転の現象が起こってしまったのでしょうか。この例題３の核心にせまる問題が、なんと高校入試に出題されています。例題３の解きほぐしを通して、この逆転現象の謎にせまってみましょう。

例題3の解きほぐし　高校入試問題

図42のように、上向きに一定の大きさの磁場がはたらいている場所で、コの字型にした針金を磁場と垂直になるように置きました。その針金の上に、導線PQを針金ABと平行になるようにのせ、右向きにポンと押してある速さで動かしました。

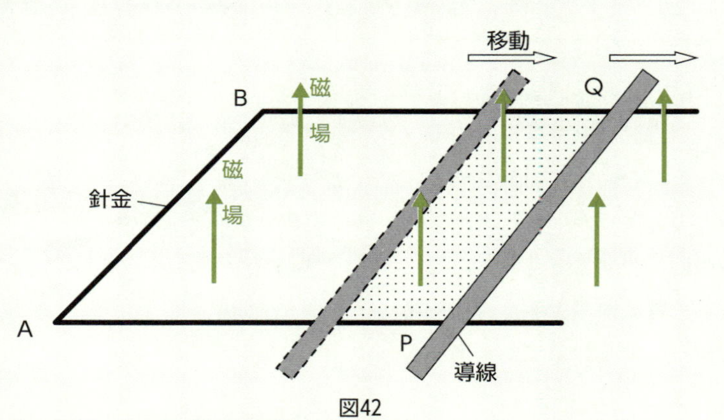

図42

このとき、針金と導線PQとで囲まれた回路（ロの字型回路）には電流が流れました。導線PQと針金との間にはまさつなどははたらかないとします。このとき、次の（1）、（2）に答えなさい。

（1）針金と導線PQとで囲まれた回路（ロの字型の回路）に流れる電流の向きを答えなさい。

① P→A→B→Qの向き（時計回り）　② Q→B→A→Pの向き（反時計回り）

（2）導線PQの速さは、その後どのようになりますか。

① 磁場から力をうけて徐々に速くなる。

② 磁場から力をうけて徐々に遅くなる。

③ まさつが働かないので一定の速さで動き続ける。

解答例▶（1）①（2）②

解説　解くための基礎・基本

導線PQが移動することで、針金と導線PQとで囲まれた回路（ロの字型回路）には電流が生まれたわけですが、では、「針金と導線PQとで囲まれた回路」と手回し発電機（発電部分のモーター）とはどのような関係にあるのでしょうか。

手回し発電機（図43（a））

モーター内部のコイルが回転することで、コイル面を通過する磁力線の本数が変化する。
（コイルの面積は変わらないが、回転することで磁力線が通過する面積が変化する。）

導線の移動（図43（b））

導線PQが移動することで、ロの字型回路の面を通過する磁力線の本数が変化する。
（導線PQが右へ移動することで、磁力線が通過する面積そのものが増加する。）

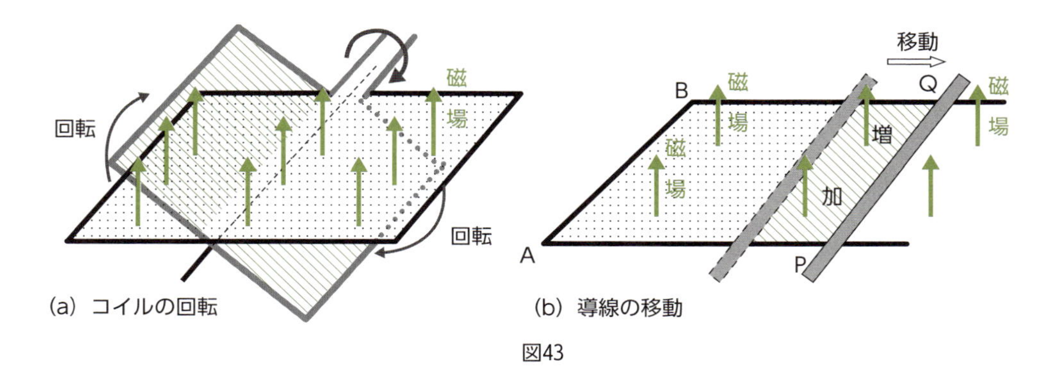

図43

このように、片やコイルの回転、また片や導線の平行移動と変化の様子は違うのですが、ともに磁力線が通過するコイルの面積が変化していることがわかります。したがって、同図(a)ではコイルが回転するにつれてコイル面を通過する上向きの磁力線が減少しますから、その減少を食い止めるように、コイルには誘導電流が流れます。

同図(b)の場合もまったく同じで、導線PQが右へ移動することで、図44の緑色の部分の面積を通過する上向きの磁力線が増加します。ですから、導線PQには、その上向きの磁力線を食い止めるような向きに、すなわちQからPの向きに電流（誘導電流）が流れるのです。

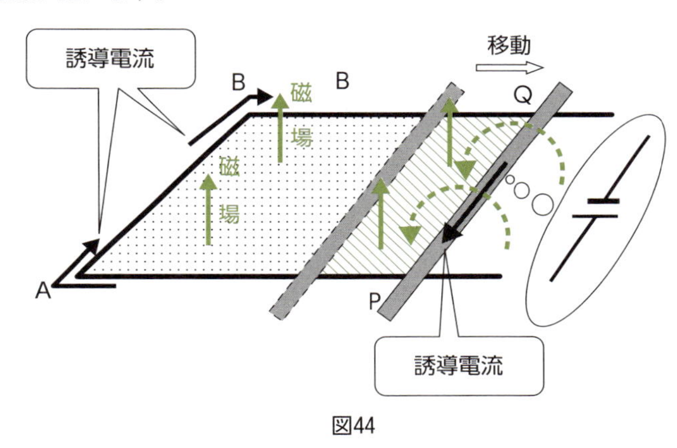

図44

それは、ちょうど図44のように、導線PQのところに乾電池が置いてあり、回路全体に電流が流れるといったイメージです。コイルの回転（図43（a））と導線PQの移動（図43（b））での共通点をまとめると次のようになります。

コイルをつらぬく磁力線が変化する　→　この変化を妨げる向きに磁力線が生まれる
→　そのためコイルや導線PQには電流（誘導電流）が流れる

電磁誘導でしたね。これが共通の原理なのです。

針金ABのところに豆電球などをはさみ込むと明かりがつくことになります。図45のABのところには何もはさみ込んでいませんから、手回し発電機でいうとちょうどショートさせているのと同じです。このときは、導線PQでつくった誘導電流が

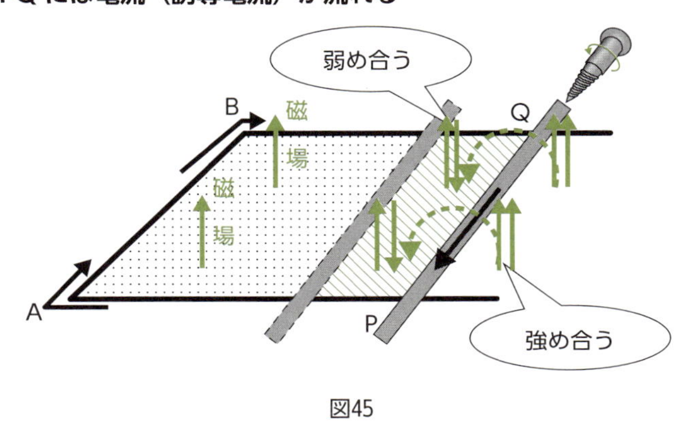

図45

そのまま導線PQに帰ってくることになります。

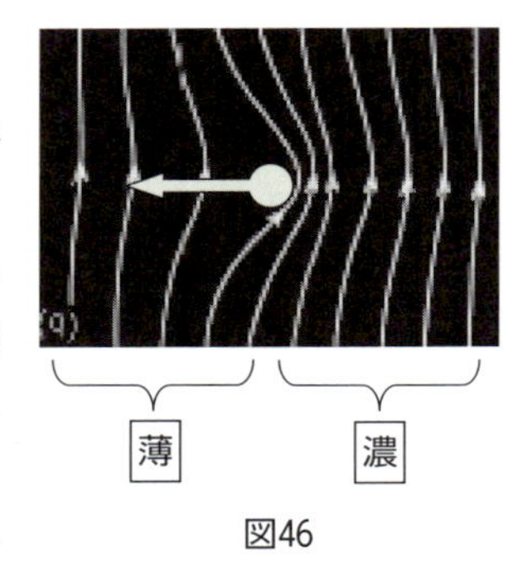

図46

今度は、電流がQからPの向きに流れている導線PQに着目します。第4章で「電流が流れている導線は磁石（電磁石）になる」と学びました。右ねじの法則から、導線が自身でつくった電流によって、導線の右側では上向きに、また導線の左側では下向きの磁場が生まれます。その結果、図46のように磁力線に濃淡ができてしまうのです。

導線PQの右側：二つの磁場が同じ向きになり、重なり合って磁力線の密度が濃くなる（強め合う）。

導線PQの左側：二つの磁場が反対向きになり、重なり合って磁力線の密度が薄くなる（弱め合う）。

このとき、導線PQは密度の濃い所から薄い所に向かって力をうけるのです。これは導線PQが進もうとしている向き（右向き）とは逆向き（左向き）の力になります。この力によって導線PQは徐々に速さを遅くし、やがて止まってしまうのです。

これはちょうど、手回し発電機でつくった誘導電流で発電機自身のモーターを回転させたとき、その回転の向きがハンドルの向きとは逆向きであることに対応しています。

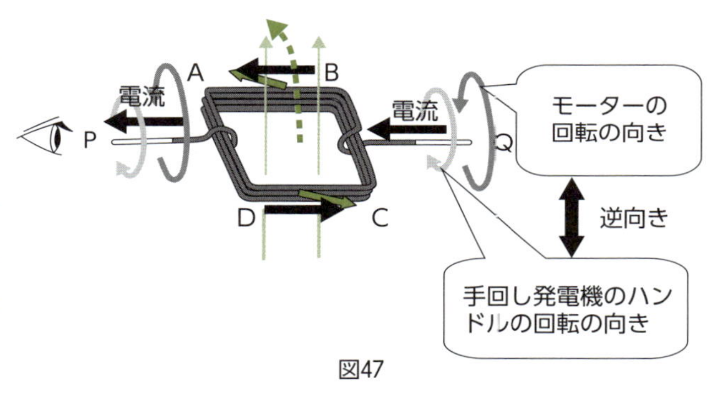

図47

以下、この対応関係をもとに、ハンドルを回す向きとモーターの回転の向きとが逆になっている秘密を解き明かしましょう。解くための基礎基本は「コイルにはたらく力の解明」です。

図47ではPから見て手回し発電機のハンドルを時計回りに回した様子を表しています。このとき、コイルには誘導電流が流れます。その様子が、次の①、②です。

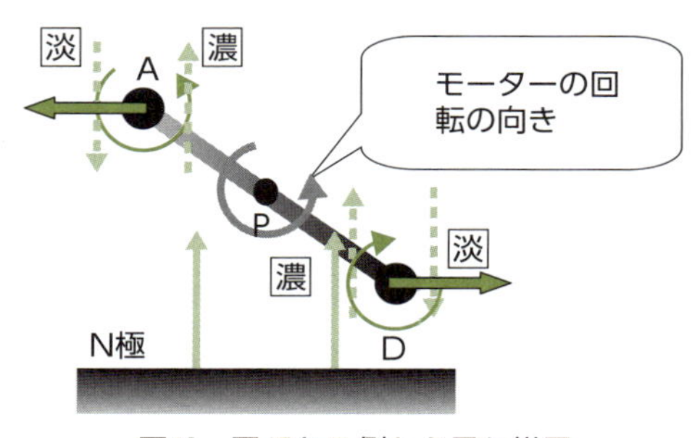

図48　図47をP側から見た様子

①　コイルをつらぬく上向きの磁力線が減少するので、それを阻止するようにコイルには上向きの磁力線（緑の破線の矢印）が生まれます。

②　そのためには、コイルには図のようにQからPに向けて誘導電流（⬅）が流れます。

電磁誘導

この電磁誘導で生まれた電流が、発電機のモーター（コイル）に入ります（流れる向きはQ

からＰの向きです)。

このとき、図48から

③　電流の流れている導線は磁石になりますが、右ねじの法則によって、コイルには磁力線の濃淡ができます。コイルの内部は磁力線の密度が濃くなり、外部は薄くなります。

④　この磁力線の濃淡によって、電流が流れている導線には磁石の力（その向きは、図48のように濃から淡の向き）がはたらきます。

⑤　この導線にはたらく磁石の力によって、コイルは反時計回りに回転しようとします。また、この力は流れる電流が多いほど大きいのです。

電磁石の原理

この二つの回転の向きが違っていること、また⑤からモーターに生まれる磁石の力（コイルを反時計回りに回そうとする力）は流れる電流が多いほど大きいことから、小学生が実験で得た結果、

軽い　c：不導体の棒を接続、a：豆電球を接続、b：リード線どうしをつなぐ　重い

が得られるのです。

自転車のライトを点けるとペダルが重くなる、というのも身近な例です。

第6章 電気・磁気から電磁気学へ

電磁気を支配する
4つの方程式

01 電気・磁気では何が基礎・基本か（電場・磁場の織りなす世界を求めて）

啓介と美佳との会話から

本章のテーマでもある「電気や磁気では何が一番の基本か」について、まずは啓介と美佳の会話に耳を傾けましょう。ここで登場する啓介と美佳はともに物理を習いはじめた高校生で、いわば読者の代表という位置づけです。

美佳：啓介くん。今日の物理の授業だけど、教科書を見てはため息ばかりついていたわね。何かあったの。
啓介：そうなんだ。美佳は気づかなかったの。物理の教科書だけど……これから習う電磁気のところ、公式の数がなんと90個もあったんだ。90の公式なんて覚えられないよ。
美佳：まあ、啓介君たら。そんなことで授業に集中できなかったの。だけど、90個の公式って……どうしてそんなにあるんだろう。電気や磁気の現象には様々なものがあるのはわかるわ。でも、それらの現象ってお互い関連づいているというか、根っこのところは一つではないのかしら。
啓介：そうなんだ。個々ばらばらな現象に、それぞれ公式っていうか法則があるんだったら、何が基礎で、何が応用なのかもわからないよ。そもそも、そんなに多くの公式、将来理系に進まない僕にとって必要なんだろうか。全く魅力なんか感じないよ。
美佳：科学の魅力って、ごく少数の、そう「基礎基本」から様々な現象が導けるところにあると思うの。電磁気の、これぞ基礎基本ってあるのかしら……。
啓介：基礎基本の一つって、中学校で習ったオームの法則かな。でも、それだって電圧、そうそう電圧は電位差だったから、電場とかそのあたりだと思う。あとは何だろう。

電気や磁気についての学習は小学校３年生を皮切りに４年生、５年生、そして６年生と続き、中学校では２年生で再び学習します。高等学校理科は選択制なのですが、もし物理をとれば高校２年生、３年生と合計７年間も電気や磁気についての学習を深めることになります。

「そんなに学ぶことってあるんだろうか？」、「電気や磁気の基礎基本って何？」、こんな思いに駆られるのは啓介や美佳に限ったことではありませんね。この７年間で何を学ぶのか、また小中高のそれぞれの学習内容はお互いどのような関係になっているのかについては、「はじめに」に掲載した「電気・磁気分野学習項目一覧表」をごらんください。学習内容がいくつかのグループに分かれていること、またその内容が基礎から発展へと系統的に配置されていることがわかります。大切なことは、小学校での学びを基礎としながらも、繰り返し繰り返し登場してきています。

さて、啓介と美佳の疑問である、「電磁気の一番根っこのところにあるはずの基礎基本」とは何か、そもそも、そんなものがあるのかどうかを考えてみようというのが本章のテーマです。

啓介の指摘、「高等学校で学習する物理の教科書、特に『電磁気』分野で扱う公式の数が90個もある」というのは本当でしょうか。手元にある数社の教科書を見てみると、確かに90個に近い公式が堂々と掲載されています。この実に多くの「公式」を使い分けなければならないとしたら、何か釈然としませんね。しかも公式にはEやB，さらにはΦなどの多くの文字や記号が登場します。オームの法則やフレミングの法則などの法則名がついている場合はいいのですが、名無しの公式ではいったい何が基本で、またお互いどのような関係になっているのか、その見通しさえもつかない……。啓介の嘆きは深刻です。

ところで、どうも理科って面白くないと感じるのはいつ頃からなのでしょうか。小学校理科では学習そのものが児童の活動をうながす内容で構成されており、教科書の表現も「調べよう」や「比べよう」と活動を誘う工夫がなされています。ですから、小学生にとって理科は大好きな科目の一つです。一方、中学校では、確かに生徒の探究心をくすぐるような工夫が随所になされてはいますが、その記述は小学校とは一変します。難しく感じてしまうのです。それを受けての高校理科は、内容も表記も生徒の学びたいという意欲を前提にしたものですから、80や90（教科書によっては100個以上）の公式を前にして、学ぶ意欲のない生徒は途方に暮れ、また学ぶ意欲の旺盛な生徒ほど、啓介や美佳のように「電気や磁気を学ぶ意義とは何か」、「電気や磁気の本質とは何か」という思いにとらわれるのではないでしょうか。高校理科も小学校理科のようにすっきりとわかるようにならないのでしょうか。

電気と磁気から電磁気学へ‥‥ファラデーの思いを受け継いだマクスウェル

下の図1は、第1章から第5章で扱ってきた内容を一覧にしたものです。ここでは、特に各章のポイントと、それぞれの章がお互いどのような関係になっているかに配慮して描かれています。この関係図を手がかりにしながら、第1章から第5章までの内容を整理・精選し、電気、磁気についての様々な法則や公式の中からこれぞ基礎基本となるものを見つけ出すこと、これが第6章の目的です。この基礎基本がはっきりすれば、その他の多くのものはこの基礎基本から導け

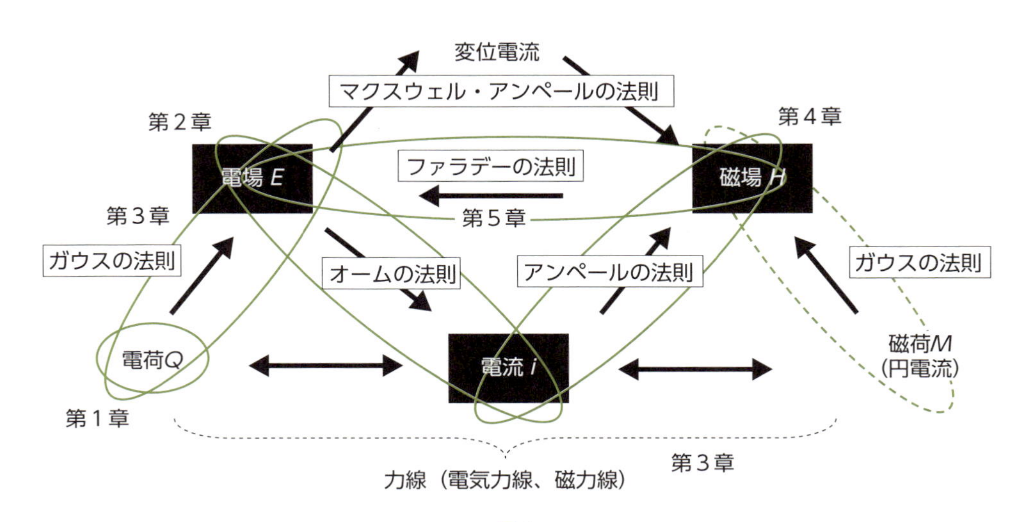

図1

ることになります。

では、この図について少し説明しておきましょう。

たとえば、左のところに第1章や第3章とありますが、ここにはこれらの章で扱った内容で、電気や電場にとって大切な関係が示してあります。具体的には「電荷Q→電場E」、そして矢印の横に「ガウスの法則」が並んでいます。さらに電場Eから出た矢印の先には「変位電流」や「電流i」があり、また第4章で学ぶ磁場Hからは電場Eに矢印が向かっています。このことから、第3章では電荷から電場がつくられること、さらにその電場が磁場や電流と深く関わっていることが特に大切なのだということがわかります。

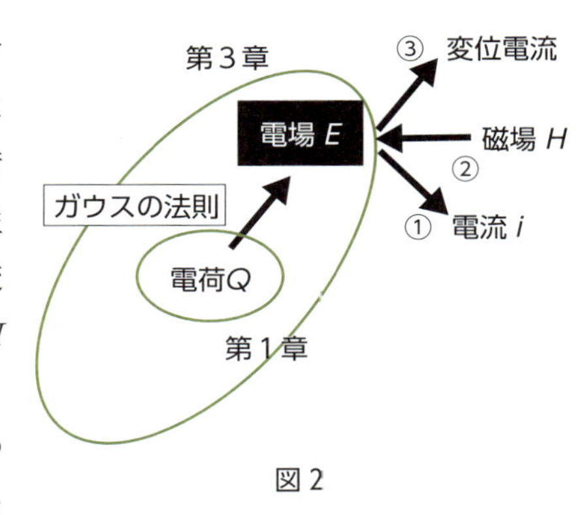

図2

第1章には摩擦による静電気の性質やその正体など多くのものが含まれていました。一方で電場は、磁場同様、続く章でも大切な役割を担う物理量であり、その電場と電荷を結びつける法則が第3章で扱うガウスの法則です。電場によって広がる世界、すなわち電場と電流、磁場、そして変位電流との関係は次のとおりです。

①電場は電位差、すなわち電圧へとつながり抵抗を流れる電流を決める（→オームの法則）

②磁場の変化によって回路には誘導起電力（電圧）や誘導電流が流れる（→ファラデーの法則）

③電場の変化によっても電流（変位電流）は流れる（→マクスウェル・アンペールの法則）

このように電場は各章で扱うテーマの下地になっているのです。さらに、第3章では、電場や磁場を身近に感じるための「地形図モデル」も紹介しました。

もう一つの例として、第4章をみてみましょう。第4章では電流が流れている導線のまわりにできる磁場について扱いました。電磁石の原理でしたね。右ねじの法則など、電流の単位（アンペア）にもなったアンペールが大活躍した分野です。電場に対して、磁石がつくり出す世界が磁場ですが、この磁石の正体が実は電流であったことも判明しました。この電流と磁場との関係がアンペールの法則です。もちろん、ガウスの法則によって電荷と電場の関係が得られたように、磁場に関するガウスの法則によって磁荷（磁石の大きさ）と磁場との関係もまた得られます。ガウスの法則は、クーロンの法則をさらに拡張した法則なのです。

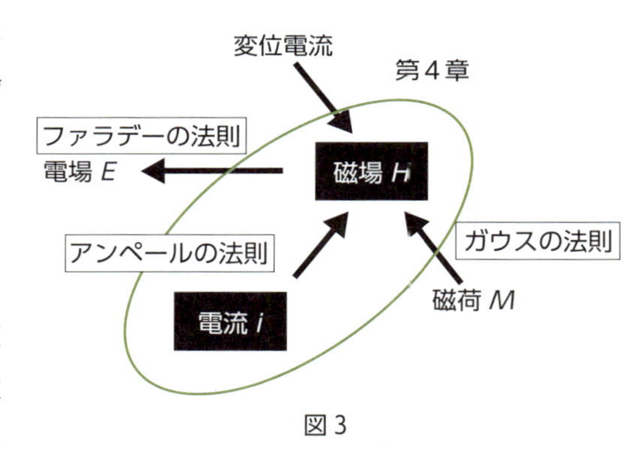

図3

このように電場（第3章）、そして磁場（第4章）の二つが電気、磁気の世界では最も大切な物理量なのです。しかもこれら二つの物理量は密接に結びついています。事実、第5章で学んだ発電機の原理である電磁誘導では、コイルをつらぬく磁場の変化によってコイルに電場（誘導起電力）が生まれ、それがコイルに電流を生じさせたのです。この電磁誘導を支配する法則がファラデーの法則です。

第１章や第３章、第４章を例に図の見方を説明しましたが、ここにはガウスの法則、アンペールの法則、ファラデーの法則、さらにはマクスウェルによって拡張されたアンペールの法則（これをマクスウェル・アンペールの法則とよんでいます）など四つの法則が登場します。○○の法則という名前を見るだけで「難しい」という印象を持ちがちですが、私たちには力線（電気力線、磁力線）というファラデーによって考案されたグラフィックがあります。公式や文章によらずともイメージで理解することができるのです。力線でイメージに訴え、大枠を理解しながら文章で確かめる。そのうえで物理量を文字で置き換え（たとえば電場をE、磁場をHなど）、それらの関係を数式で表す。あとは数学の力を借りればよいのです。

【文章による表現】 AとBは等しい → A＝B **【数式による表現】**
↓
数学の力を借りる

数式による表現は精密科学への入り口です。イメージ豊かな電気・磁気の世界を精密科学にまで高めたのがマクスウェルです。マクスウェルはファラデーの力線のアイデアに感銘を受け、そして、「電荷や電流によって、電気力線や磁力線がどのように決まるか」、また「電気力線や磁力線の変化は、お互いどのように影響を及ぼし合うか」という電場や磁場の規則、具体的には電気力線や磁力線のでき方、その性質を数学として表したのです。第２節では、現代的にアレンジした四つの方程式「マクスウェル方程式」を紹介します。

トピックス　電気・磁気から電磁気へ――ファラデーとマクスウェル

高等学校の物理の本には「電磁気」という名前が使われています。これは電気と磁気とを学ぶのではなく、「両者の相互の関係」を扱う単元という意味です。電気や磁気そのものの性質は、この電磁気の特別な場合として含まれています。

ファラデー（英・1791～1867）によって発見され、直感的に理解された電気と磁気の相互の関係を、さらに電場と磁場の振る舞いとしてまとめ上げた人物がマクスウェルです。マクスウェルは電場を表すベクトルEと磁場を表すベクトルHの二つをもって、すべての電磁気現象を表そうと試みました。ここで、ベクトルとは、大きさと向きとを兼ねそなえた物理量を表すものです。

さて、マクスウェルの最大の目的は、「電流の磁気作用、すなわちアンペールの法則（第４章）」と「電磁誘導、すなわちファラデーの法則（第５章）」の二つの関係を電場や磁場を用いて統一的に表すことでした。電場と磁場との相互作用を表す二つの式、電場と電荷、磁場と磁荷との関係に触れた二つの式を合わせた合計四つの式でもって電磁気学の基礎としたのです。

正規の学業も受けなかった苦労人、ファラデーとは対照的に、マクスウェルは名門の家柄に生まれ、ニュートンと同じケンブリッジ大学トリニティーカレッジを卒業しました。幼い頃から数学の才能に恵まれ、わずか15歳で楕円に関する論文を発表し注目されます。ファラデーの着想をマクスウェルが数学的に整備したのです。

ジェームズ・マクスウェル
（英・1831～1879）

02 マクスウェルの打ち立てた4つの式（力線を数学の言葉で表そう）

マクスウェル方程式をイメージで理解する

電気力線や磁力線が織りなす世界の方程式「マクスウェル方程式」について紹介しましょう。まずは、例題にチャレンジです。

例題1　マクスウェル方程式＜数式表現＞

電場 E と磁場 H に関する次の（1）～（4）の四つの式をマクスウェル方程式という。この四つの方程式が表している法則を次の①～④から選べ。なお、ここで Q は電荷、I は電流、ε_0 は真空を特徴づける物理量、Φ_m は磁束（磁力線の束）、また Φ_e は電束（電気力線の束）を表している。

$$\int_S E_n dS = \frac{Q}{\varepsilon_0} \quad \cdots\cdots (1)$$

$$\int_S H_n dS = 0 \quad \cdots\cdots (2)$$

$$\oint_C E_l dl = -\frac{d\Phi_m}{dt} \quad \left(= -\frac{d}{dt}\int_S H_n dS\right) \quad \cdots\cdots (3)$$

$$\oint_C H_l dl = I + \varepsilon_0 \frac{d\Phi_e}{dt} \quad \left(= I + \varepsilon_0 \frac{d}{dt}\int_S E_n dS\right) \cdots\cdots (4)$$

① 磁荷（磁石）がそのまわりの空間につくる磁場についてのガウスの法則
② 電流や電場の変化が磁場をつくるというアンペール・マクスウェルの法則
③ 電荷がそのまわりの空間につくる電場についてのガウスの法則
④ 電磁誘導についてのファラデーの法則

解答例▶　（1）③　（2）①　（3）④　（4）②

例題のねらい　なぜ難しいと感じるのか

数式で表されたマクスウェル方程式はどんな現象を扱い、またこれまで学んできた法則とどのように結びついているのでしょうか。「言葉による説明」や、さらには「イメージによる納得」ができていてこそ、はじめてこの四つの式が理解できたことになります。

ところで、この堅い鎧で覆われた四つの方程式を、なぜ難しいと感じるのでしょう。数式の中で E や H、また Q や ε_0、I の意味については問題文に与えられていますから、実は数学の記号である

積分記号： $\int_S (\quad) dS \quad \oint_C (\quad) dl$　　**微分記号：** $\dfrac{d(\quad)}{dt}$

に慣れていないからです。「数式が何を表しているのかわからない」、「物理ではなく、数学の記号の意味がわからない」、これが難しいと感じる理由ですね。

さて、これら四つの式が何を表しているかですが、与えられた①～④の法則名を見てください。

①と③【ガウスの法則】、②【アンペールの法則】、④【ファラデーの法則】

これらはすべて第１章から第５章で扱ったものばかりです。ですから、難しい顔をした四つの方程式はガウスの法則、アンペールの法則、そしてファラデーの法則を数学の言葉を借りて表したものにすぎないのです。ここで、これらの法則について簡単に復習しておきましょう。

【ガウスの法則（クーロンの法則の拡張版）**】**

原点に正電荷があるとき、たとえばそれを包む球面を考える。その球面の単位面積から出てくる電気力線の本数（電場の大きさ）を球面全体にわたって足し合わせると、それは原点にある電荷に等しい。一方、磁石の場合は、N 極から出た磁力線はすべて S 極に入るので、外へ漏れ出すような磁力線はない（図４）。

【アンペールの法則（電流がつくる磁場）**】**

電流が流れている導線のまわりには、その導線を囲むように磁場ができる。その磁場を閉曲線のまわりに足し合わせると、それは導線を流れる電流に等しい（図５）。なお、電流と磁場の向きは右ねじの法則で決まる。

【ファラデーの法則（磁場の変化がつくる電流）**】**

コイルに生まれる誘導起電力（電圧）の大きさは、コイルをつらぬく磁力線の変化に比例する。またその向きは、磁力線の変化を妨げる向きになる（図６）。

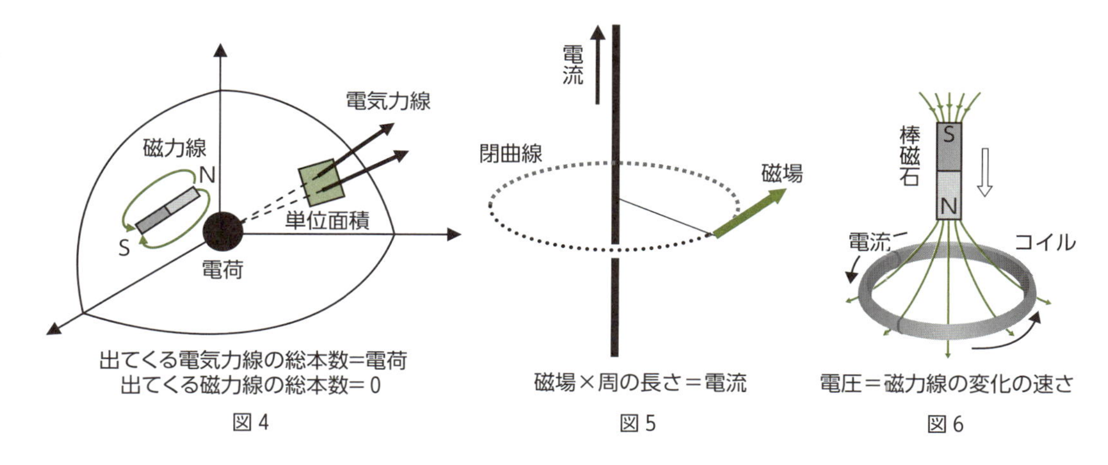

図４　図５　図６

上の三つの図は、それぞれガウスの法則、アンペールの法則、そしてファラデーの法則を印象づけるためのものです。また、その下に、言葉による「式」を付けました。これらは数式と言葉による説明との中間的なものですが、それでも上の説明に比べるとコンパクトになっていますね。

これで四つの法則の意味が判明しました。では、例題１の（１）～（４）の方程式が①～④のどの法則に当てはまるのでしょうか。数学の記号の説明に入る前に、下準備として例題１の解きほぐしで、これらの法則のイメージをしっかりとつかんでおきましょう。

マクスウェルの方程式をイメージ化したもの、それが次の例題1の解きほぐしで示した四つの図（電気力線や磁力線の様子）です。

マクスウェル方程式〈イメージ理解〉

図7の（a）～（d）は電場、磁場についての四つの物理現象を電気力線や磁力線を用いて表したイメージ図です。なお、黒色の線は電気力線を、また緑色の線は磁力線を表しています。

（a）～（d）のそれぞれに最も関係の深い現象名、または法則名を下の群Aの①～⑦から選び、その説明として適当なものを群Bの①～⑥から選びなさい。解答は一つとは限りません。

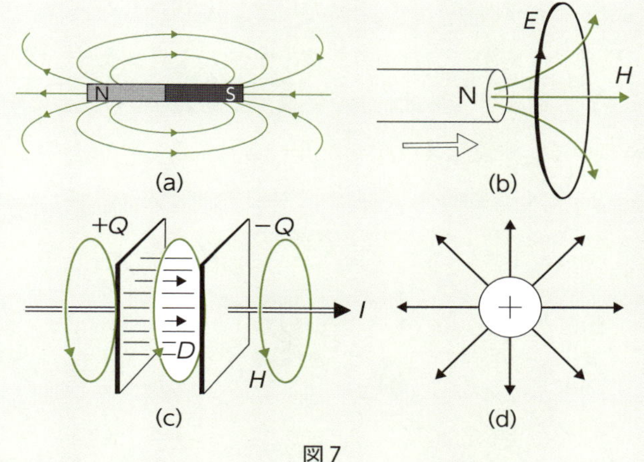

図7

群A

①電磁誘導　②電磁石　③ファラデーの法則　④アンペールの法則
⑤ガウスの法則　⑥電場の性質　⑦磁場の性質

群B

①電流が流れている導線のまわり、また電場が変化しているところでは磁場ができる。
②電場は発散し、その強さは電荷の大きさで決まる。
③磁場は発散することはない（外へ漏れでない）。
④磁場が変化するとき、回路には電流が流れる。
⑤電流が流れている導線のまわりにできる磁場は、導線を囲むようにできる。
⑥発電機はこの現象を利用している。

解答例▶　(a) A（⑤、⑦）B（③）(b) A（①、③）B（④、⑥）
(c) A（②、④）B（①、⑤）(d) A（⑤、⑥）B（②）

解　説　解くための基礎・基本

図7の（a）～（d）については、いずれも第1章から第5章で扱ってきた現象です。ともに電気力線や磁力線のでき方についてのものです。ここでまとめておきましょう。

（a）**磁石のまわりの磁力線の様子：**N極から出た磁力線は外に漏れず、すべてS極に入る。

(b) **電磁誘導：**磁場の変化が電場を生む。その結果、コイルには誘導電流が流れる。

(c) **電磁石：**電流が流れている導線のまわりや電場が変化するところでは磁場が生まれる。

(d) **電荷のまわりの電気力線の様子：**電気力線は＋電荷から出て－電荷に入る。

図(a)は磁荷（磁石）が磁力線の源で、図(d)は電荷が電気力線の源だと私たちに教えていますが、この二つには決定的な違いがあります。それは電荷と違って磁石はN、S極がいつもペアで現れるという点です。この違いが以下の電場と磁場の性質の違いとなります。

電場：正電荷から電気力線が出てくる。

磁場：N極から出た磁力線は、すべてS極に吸収される。

図8の左の図は、ある面積を通過する電気力線の様子を表しています。一方、右の磁石から出た磁力線は、N極とS極で帳消しになり外部には漏れ出ません。電気力線と磁力線とはずいぶん様子が異なりますね。

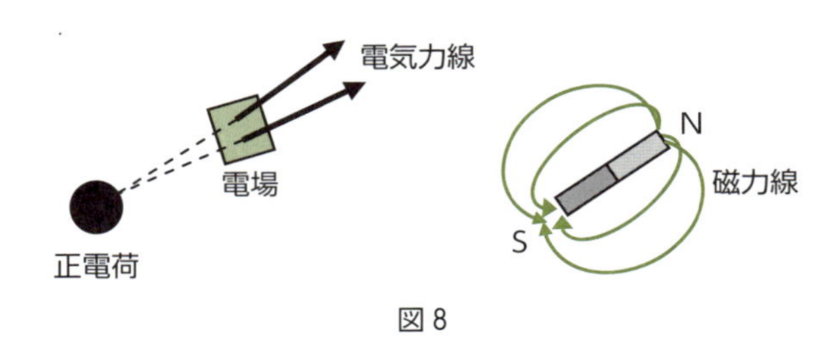

図8

では、図7の（b）や（c）はどうでしょう。図(b)では磁場の変化（緑色の線）が電場（黒色の線）を、また図(c)では電流や電場の変化（黒色の線）が磁場（緑色の線）を生み出しています。電場や磁場の相互の関係を表しているのがこの二つの図なのです。図9にも示しておきましょう。

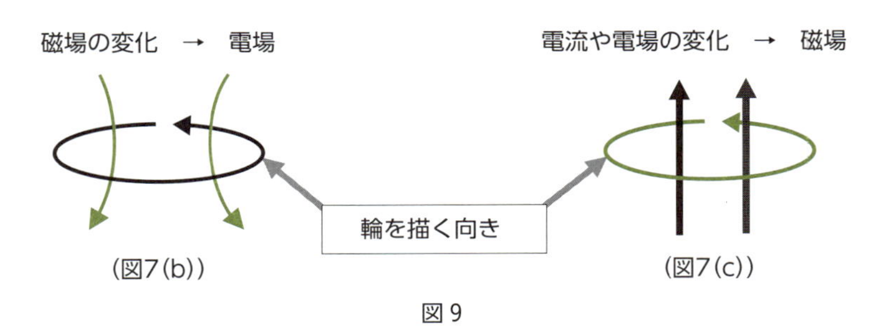

図9

このように、図（b）・（c）は図（a）・（d）とは違った電場や磁場のでき方を私たちに教えています。電場は磁場のまわりを、また磁場は電流や電場のまわりを「輪を描くような向き」になるのがその特徴です。

この電場や磁場のでき方について、電荷や磁荷（磁石）から直接導き出す、いわば「直球型」と、電流や電場、磁場の変化を媒介にしてできる「リレー型」の2通りに分けてまとめておきましょう。表1にはそれぞれの電場、磁場のでき方に関係した法則名、さらにはゴールであるマクスウェル方程式も示してあります。

表1　電場、磁場のでき方（二つのタイプ）

	電場、磁場単独（直球型）	電場と磁場の相互作用（リレー型）
電場のでき方（関係法則）	電荷からの発散（ガウスの法則） ➡ $\int_S E_n dS = \frac{Q}{\varepsilon_0}$ E （図7(d)）	磁場の変化（ファラデーの法則） ➡ $\oint_C E_l dl = -\frac{d\Phi_m}{dt} \quad (= -\frac{d}{dt}\int_S H_n dS)$ E　B　N （図7(b)）
磁場のでき方（関係法則）	磁荷（N、S極がペア）（ガウスの法則） ➡ $\int_S H_n dS = 0$ N　S （図7(a)）	電流と、電場の変化（アンペールの法則） ➡ $\oint_C H_l dl = I + \varepsilon_0 \frac{d\Phi_e}{dt} \quad (= I + \varepsilon_0 \frac{d}{dt}\int_S E_n dS)$ +Q　−Q　I　D　H （図7(c)）

電場、磁場の二つのでき方についてのイメージがついたところで、いよいよこの四つの式についての解説です。

世界を変えた四つの方程式を読み解く

例題1の四つの方程式がマクスウェルの方程式です。もう一度示しておきましょう。マクスウェルの式には、積分形式と微分形式の二つのスタイルがありますが、ここでは積分形式について扱います。積分形式には、これまでの力線によるイメージでの理解に結びついた、電気や磁気の現象をわしづかみする威力があります。いわば、上空から地上を見下ろす「鳥の目での理解」ともいえます。

$$\int_S E_n dS = \frac{Q}{\varepsilon_0} \quad \cdots\cdots (1)$$

$$\int_S H_n dS = 0 \quad \cdots\cdots (2)$$

（(1)(2)：直球型）

$$\oint_C E_l dl = -\frac{d\Phi_m}{dt} \quad \left(= -\frac{d}{dt}\int_S H_n dS\right) \quad \cdots\cdots (3)$$

$$\oint_C H_l dl = I + \varepsilon_0 \frac{d\Phi_e}{dt} \quad \left(= I + \varepsilon_0 \frac{d}{dt}\int_S E_n dS\right) \quad \cdots\cdots (4)$$

（(3)(4)：リレー型）

表1でも触れましたが、最初の二つの式が直球型（電場、磁場単独）、後の二つの式がリレー型（電場磁場の相互作用）です。

＜直球型の二つの式＞

各法則のイメージ図とともに、これらの法則がマクスウェルの四つの式にまとめられていった経緯を示しましょう。第6章の核心部分です。最初の二つは、電荷による電場のでき方と磁荷（磁石）による磁場のでき方の「直球型」の式です。

（1）$\int_S E_n dS = \dfrac{Q}{\varepsilon_0}$　：電荷がそのまわりの空間につくる電場**【ガウスの法則】**

解説　クーロンの法則をもっと広範囲に扱えるようにしたものが、電場についてのガウスの法則ですから、（1）式は「電場についてのクーロンの法則」を表しているといってもよいでしょう。電気力線とそのもとになる電荷について、「電気力線は電荷からわき出す」と述べたものです。すなわち、ガウスの法則は、「電荷の大きさによって、そこから出てくる電気力線の本数が決まる」という、私たちのイメージにぴったり合ったものです（図10）。

（2）$\int_S H_n dS = 0$　：磁荷がそのまわりの空間につくる磁場**【ガウスの法則】**

解説　磁場についてのガウスの法則です。電場のもとになる電荷と違い、磁場のもとになる磁荷（磁石）にはN極だけ、S極だけというわゆる単極は存在しません。磁石はいつもN極、S極がペアで現れます。ですから、磁力線は閉じてしまっており、電気力線のようにわき出すことはないことを表しています。これもまたイメージできます（図11）。

次の二つの図は、（1）、（2）式の理解を助けるイメージ図です。図10では、電場の源である電気量を、図11では磁場の源である磁石を、それぞれ球面が囲んでいます。

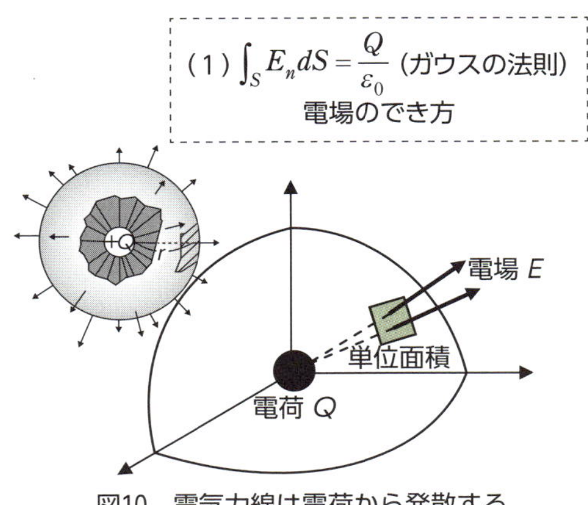

図10　電気力線は電荷から発散する

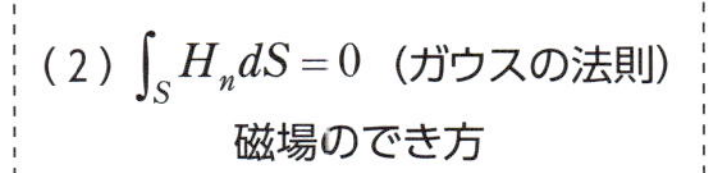

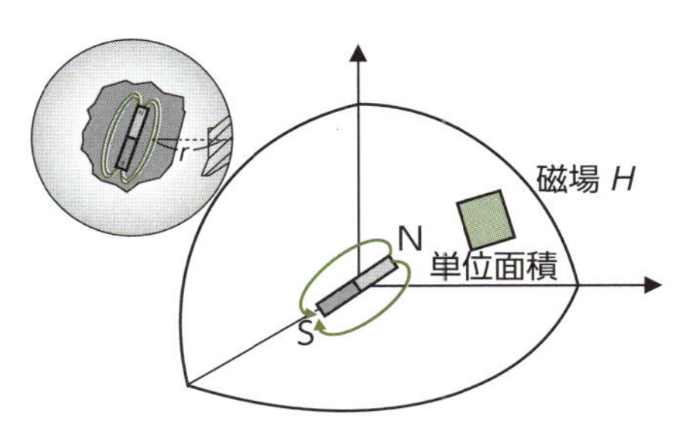

図11　磁力線はN極から出てS極に入る

<リレー型の二つの式>

残りの二つの式はリレー型です。磁場 H が電場 E を生み、また電場 E が磁場 H を生むわけですから、これらの式には E や H がともに現れます。まずは（3）式です。

（3）$\oint_C E_l dl = -\dfrac{d\Phi_m}{dt} = -\dfrac{d}{dt}\int_S H_n dS$　：電磁誘導**【ファラデーの法則】**

解説　電磁誘導についてのファラデーの法則を、第5章では発電機の原理として扱いました。磁場の変化（時間的変化）によって、回路には電場（誘導起電力）が生じ、誘導電流が流れるという法則です。磁石の出し入れによってコイルには電流が流れるといった方がわかりやすいですね。磁力線の変化が、結果として回路に電流を生じさせたのです（図13）。

（4）$\oint_C H_l dl = I + \varepsilon_0 \dfrac{d\Phi_e}{dt} = I + \varepsilon_0 \dfrac{d}{dt}\int_S E_n dS$　：磁場誕生**【アンペール、マクスウェルの法則】**
電流（I）＋電場の変化

解説　最後は第4章で扱った電磁石についてのものです。導線に電流が流れると、そのまわりには磁場ができました。これが電磁石です。電流がどう流れれば、そのまわりに磁場がどうできるかについてはアンペールが詳しく調べましたので、アンペールの回路定理として知られています。マクスウェルはこれをさらに推し進め、「電流の流れている導線のまわりには磁場が生まれる。また、電流が流れていない2枚の金属板の間にも磁場が生まれる」としました。最後の部分は、「電場の変化でも磁場は生まれる」とか「電場が変化すると仮想的に電流（変位電流）が流れ、それが磁場をつくる」と言い換えることもできます（図15）。

次の図は、（3）、（4）式の理解を助けるイメージ図です。

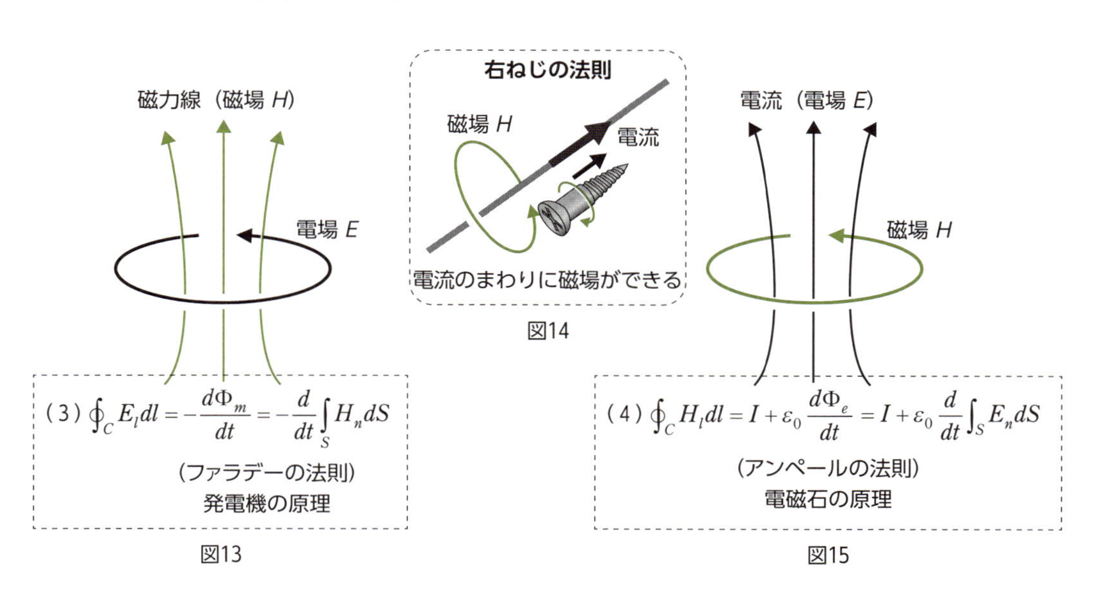

図13

図14

図15

数学の記号を用いての（1）、（2）式の説明

電場の強さ E は、イメージとしては単位面積を通過する電気力線の本数でした。ですから微小面積 dS から出てくる電気力線の本数は $E \times dS$ と表せます。もちろんこの電気力線は、原点にある電荷 Q から出てきたものです。

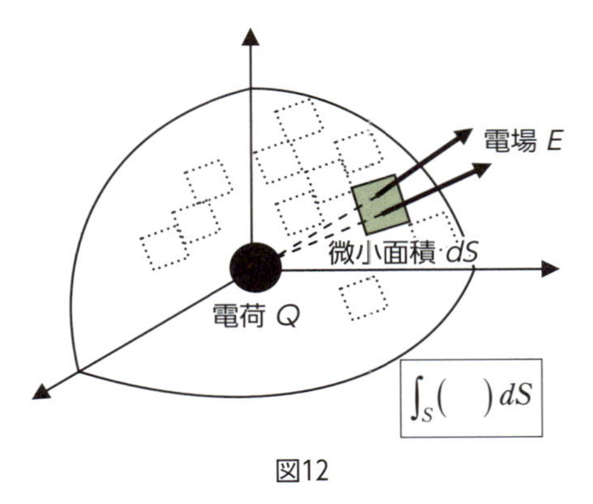

図12

ガウスの法則は、この電気力線を、電荷 Q を囲む面全体について加えたもの（足し合わせたもの）が電荷 Q に等しいことをいっています。この微小面積をつらぬく電気力線を表面全体について足し合わせたことを表しているのが（1）式なのです（図12）。

$$E_n\left(dS_1 + dS_2 + dS_3 + \cdots\right) = \frac{Q}{\varepsilon_0} \quad \Rightarrow \quad \int_S E_n dS = \frac{Q}{\varepsilon_0}$$

積分については、高校の数学で学びますのでご存知の方も多いと思います。アルファベットのSを長くしたような記号インテグラルは、英語のSUM（総和）の頭文字Sを引き伸ばしたもので、この記号の右下についている S（表面積）全体について、（　）に入る物理量（ここでは電場）を足し合わせるという意味です。したがって、マクスウェルの（1）式は、結局、

積分形（上空から見下ろす鳥の目）

$$\int_S E_n dS (= N) = \frac{Q}{\varepsilon_0} \iff$$

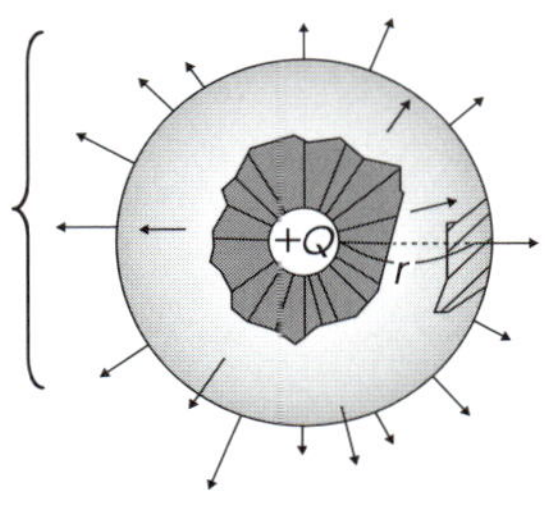

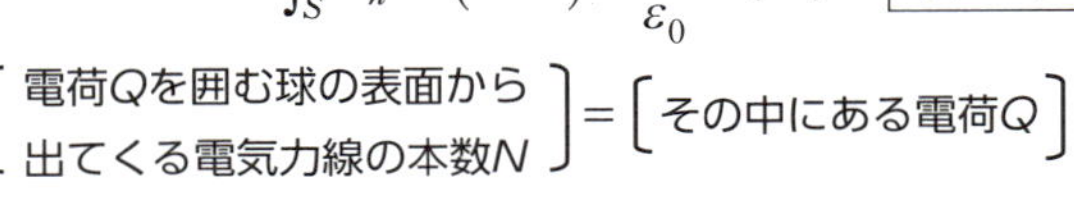

言葉による表現

という関係を表しているのです。

次に（2）式ですが、原点にある磁石からは磁力線は漏れ出ないわけですから、この磁石を囲む球面全体から出てくる磁力線の本数 N は0となります。

漏れ出ない（$N=0$）

$$\int_S E_n dS = N \quad \Rightarrow \quad \int_S H_n dS = 0$$

電場から磁場へ

数学の記号を用いての（3）、（4）式の説明

マクスウェルの（3）式は、第5章で扱った発電機の原理「電磁誘導」に関してのものです。この式の一歩手前の式はすでに示しています（図16）。それは磁力線の変化がコイルに電圧を生じさせ、その結果、誘導電流が流れるというものです。

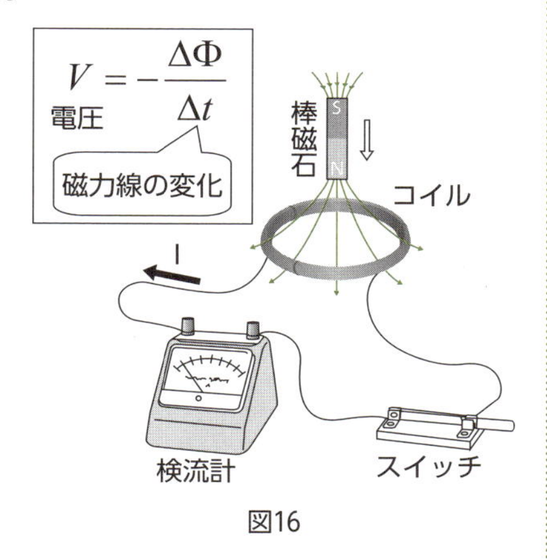

図16

図17はコイルを通過する磁力線の様子を表していますが、このA→B→Cでの磁力線の2本の変化（ΔΦ＝2）がどのくらいの速さで起こっているかで回路に生じる電圧の大きさが決まるのです。これが基本式です。

基本式　電圧：$V = -\dfrac{\Delta\Phi}{\Delta t}$　←磁場の変化

$V = \oint_C E_l dl$

電場をコイルに沿って足し合わせると電流を流そうとする電圧Vになる。

$$-\frac{\Delta\Phi}{\Delta t} = -\frac{d\Phi}{dt} = -\frac{d}{dt}\int_S H_n dS$$

$$\Phi_m = \int_S H_n dS$$

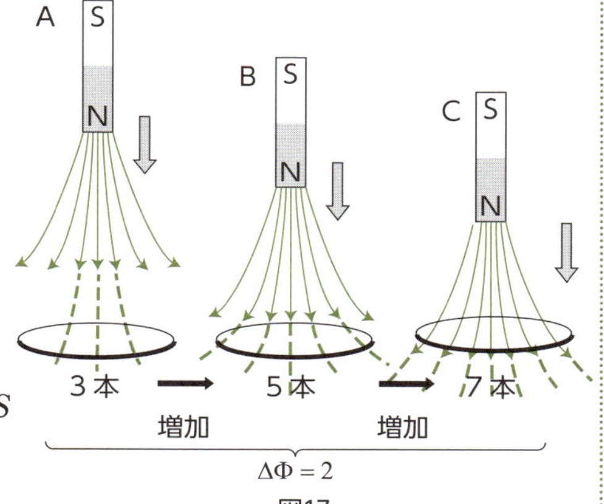

図17

磁力線の束Φは、単位面積あたりの磁力線（磁場）H_nをコイルの面積全体について足し合わせる。

マクスウェル（3）式　$\oint_C E_l dl = -\dfrac{d\Phi_m}{dt} = -\dfrac{d}{dt}\int_S H_n dS$

マクスウェルの（4）式は、電流のまわりには磁場ができるというものです。これは電磁石の原理として第4章で扱いました。第4章では1本の導線（電流）による磁場を考えましたが、実は複数の導線（電流）にまで広げたものがアンペールの回路定理といわれるものです。それをさらに拡張させたのがマクスウェルの（4）式なのです。

アンペールの回路定理　$\oint_C H_l dl = I_1 + I_2 + I_3$

導線（3本の導線）による磁場H_nを閉曲線Cのまわりに足し合わせると、その磁場のもとになった電流に等しい（これはちょうどガウスの法則のイメージです）。この電流がつくる磁場以外に、マクスウェルは電場の変化もまた磁場をつくるという項を付け加えました。

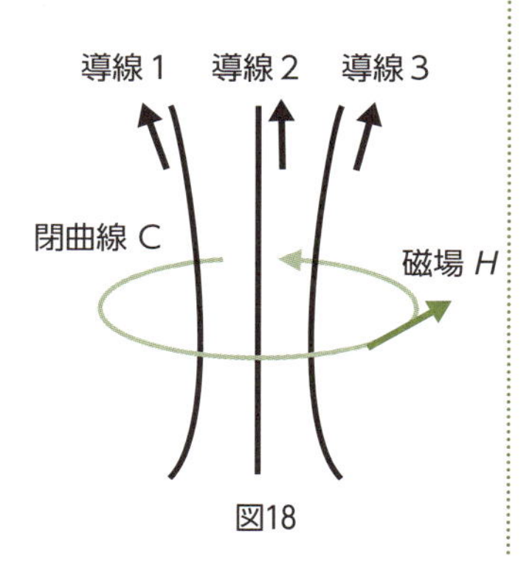

図18

マクスウェル（4）式　$\underbrace{\oint_C H_l dl = I}_{\text{アンペールの回路定理}} + \underbrace{\varepsilon_0 \frac{d\Phi_e}{dt}}_{\text{拡張項}}$

トピックス　マクスウェル方程式の応用

●電磁波と私たちの生活

1864年、マクスウェルはこれらの方程式をもとに、磁場と電場が互いに変動しながら波となって伝わる**電磁波**の存在を予言します。さらに、電磁波の速さが光速に等しいことも見いだし、光は電磁波の一種であると考えました。

この予言は、1888年、ヘルツによって確かめられました。ヘルツは、電磁波の発生とその検出の実験を行い、電磁波の存在を明らかにしたのです。 電磁波は、電場と磁場が図19のように互いに垂直方向に振動しながら空間を伝わっていきます。

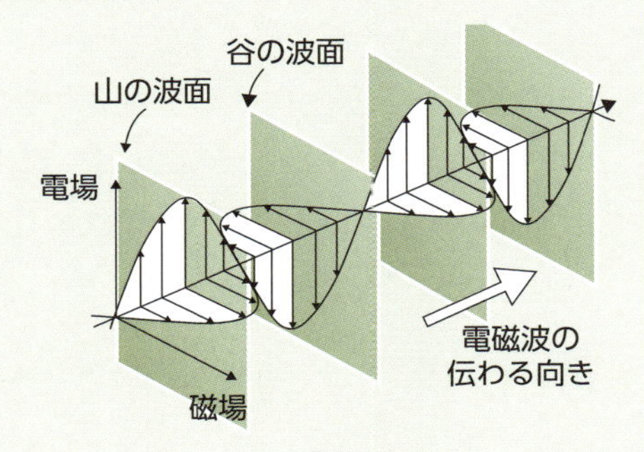

図19

電磁波にはいろいろな種類があります。次頁の表２は、電磁波を波長と周波数（振動数）で分けたものです。携帯電話をはじめ各種通信機器のお世話にならない日はありませんね。マクスウェルの四つの式は、私達の日常生活ととても深く関わっているのです。

●マクスウェル方程式で決まる世界での荷電粒子の運動

電気力線や磁力線が空間いっぱいに広がった世界、それが電場や磁場の世界です。この世界で、これまで見てきた様々な現象が起こっているのです。空間を埋め尽くした電気、磁気の舞台を支配する規則、それがマクスウェルの電場、磁場についての方程式です。

このマクスウェルの方程式で決まる電場や磁場の中を荷電粒子が運動することになります。イメージとしては、重力がはたらく地球上でのボールの運動のようなものですね。ボールには鉛直下向きに重力がはたらき、落下運動や放物運動を行います。

では、この荷電粒子は電場や磁場からどんな力を受けるのでしょうか。そして、どのような運動を繰り広げるのでしょうか。荷電粒子、たとえば電子ですと、この運動が電流となり、導線の中を流れることによってオームの法則が導かれます。ちなみに速さ v で走っている荷電粒子（電荷 q）が電場や磁場から受ける力は次のようになります（図20）。磁場から受ける力の向きは右ねじの法則で求められます。

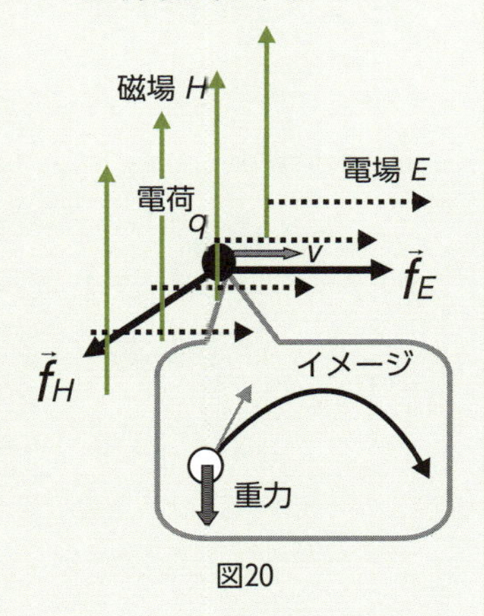

図20

荷電粒子が電場 E から受ける力　$f_E = q \times E$

荷電粒子が磁場 H から受ける力　$f_H = \mu_0 H \times q \times v$

荷電粒子が受ける電場や磁場からの力をローレンツ力とよんでいますが、荷電粒子の運動の舞台（電磁場）を決定するマクスウェル方程式と、そして荷電粒子にはたらくローレンツ力の五つの式によって電磁気現象はすべて解けることになるのです。

表2　電磁波の種類

波長〔m〕	周波数〔Hz〕	名　称	区分	主な利用例
10^5	3×10^3		電波	
10^4	3×10^4	超長波（VLF）	電波	
10^3	3×10^5	長波（LF）	電波	電波時計、電波航行
10^2	3×10^6	中波（MF）	電波	国内のラジオ放送、船舶・航空機の通信
10^1	3×10^7	短波（HF）	電波	遠距離のラジオ放送、船舶・航空機の通信
1	3×10^8	超短波（VHF）	電波	FM 放送
10^{-1}	3×10^9	超超短波（UHF）	電波／マイクロ波	テレビ放送、電子レンジ、携帯電話
10^{-2}	3×10^{10}	センチ波（SHF）	電波／マイクロ波	レーダー、電話中継、気象衛星、衛星放送
10^{-3}	3×10^{11}	ミリ波（EHF）	電波／マイクロ波	レーダー、衛星通信、電波望遠鏡
10^{-4}	3×10^{12}	サブミリ波	電波／マイクロ波／テラヘルツ波	テラヘルツ技術（がん検診、非破壊検査など）
10^{-5}	3×10^{13}	（遠赤外線）	赤外線／テラヘルツ波	熱線医療、食品加工、赤外線写真
10^{-6}	3×10^{14}	約 7.7×10^{-7}m	赤外線	
10^{-7}	3×10^{15}	約 3.8×10^{-7}m	可視光線	光学機器、光通信
10^{-8}	3×10^{16}		紫外線	殺菌、医療
10^{-9}	3×10^{17}		X線	
10^{-10}	3×10^{18}		X線	X 線写真、医療、結晶構造解析
10^{-11}	3×10^{19}		X線／γ線	
10^{-12}	3×10^{20}		X線／γ線	材料検査、医療
10^{-13}	3×10^{21}		γ線	

03 ファラデーを師と仰いだマクスウェル（マクスウェルのファラデーの評価）

科学、特に電気や磁気のような分野では、数学がわからなくてはどうしようもないと考えている人が多いのではないでしょうか。

「式の代わりに、力線による図で理解するしかないんだ。お絵かきなんてレベルが低い。でも、数学が不得意だから仕方ない」。かのファラデーだって数学は得意ではなく、力線を武器に電磁気学の世界にただ一人分け入っていったのです。

では、このようなファラデーについて、数学を駆使して電磁気学をまとめていった数学の奇才、マクスウェルはどのように考えていたのでしょう。マクスウェルは、その著『電磁気学』の序文で次のように述べています（参考のために，英文を示しておきましょう）。

As I proceeded with the study of Faraday, I perceived that his method of conceiving the phenomena was also a mathematical one, though not exhibited in the conventional form of mathematical symbols. I also found that these methods were capable of being expressed in the ordinary mathematical forms, and thus compared with those of the professed mathematicians.

For instance, Faraday, in his mind's eye, saw lines of force traversing a space where the mathematicians saw centres of force attracting at a distance: Faraday saw a medium where they saw nothing but distance: Faraday sought the seat of the phenomena in real actions going on in the medium, they were satisfied that they had found it in a power of action at a distance impressed on the electric fluids.

When I had translated what I considered to be Faraday's ideas into a mathematical form, I found that in general the results of the two methods coincided, so that the same phenomena were accounted for, and the same laws of action deduced by both methods, but Faraday's methods resembled those in which we begin with whole and arrive at the parts by analysis, while the ordinary mathematical methods were founded on the principle of beginning with the parts and building up the whole by synthesis.

（Maxwell:『A treatise on Electricity and Magnetism（1940）』より）

特に、下線を施した箇所に、ファラデーへの高い評価が見て取れます。訳してみましょう。

「ファラデーは、その『心眼』によって空間全体に広がっている力線を感じた。数学者ときたら、その同じ空間に作用しあう力の中心しか見出せないのにだ。空間とは、数学者にとっては空っぽの入れ物に過ぎないのに、ファラデーには力を伝える『媒質（ばいしつ）』がしっかりと見えたのだ。そして、その現象のより所として、彼はこの媒質を伝わっていく作用そのものを求めようとした。それに引きかえ、数学者は電荷にはたらく力の大きさを知ることだけでもう満足してしまっている」

後半では、普通の数学の方法とファラデーの現象を理解する方法とを比べて次のように言っています。

「通常の数学の方法は、細部から入って全体に至るという『総合』という手法をとるのに対して、ファラデーの方法は、まず全体をつかみ、そして細部に至る『分析』という手法を用いている」

ファラデーが力線を駆使して、現象の核心にせまっていく姿は、マクスウェルにとっては、まさに「心眼」と映ったのに違いありません。心眼とは、数式や言葉で説明する前の心に抱いた大胆なイメージのことです。現象をわしづかみする「イメージ力」の大切さ、本書で繰り返し強調してきたことです。上空から見下ろす鳥の目の理解です。

電磁気学を四つの式にまとめ上げた数学の奇才、マクスウェルが最も大切にしたものも、また、このイメージ力なのです。数式に振り回されることなく、私たちも、しっかりとした「心眼」を持ちたいものです。

引用・参考文献

1.『理科は理科系のための科目ですか』山下芳樹，森北出版，2005年

2.『理数オンチも科学にめざめる！高校物理“検定外”教科書』山下芳樹，宝島社新書，2007年

3.『「物理の学び」徹底理解　電磁気学・原子物理・実験と観察編』山下芳樹，ミネルヴァ書房，2017年

4.『物理学の論理と方法（上）』菅野礼司，大月書店，1983年

5.『物理革命はいかにしてなされたか』菅野礼司，講談社（ブルーバックス），1976年

6.『電磁気学（上・下）新物理学講座（A篇　物理学の基礎6・7）』近角聡信，霜田光一，ダイヤモンド社，1964年

7.『電磁気学史　新物理学講座（D篇 周辺の科学2）』広重徹，ダイヤモンド社，1964年

8.『電磁気学史　岩波全書109』矢島祐利，岩波書店，1950年

9.『思想としての物理学の歩み（上）』F・フント，井上健，山﨑和夫訳，吉岡書店，1982年

10.『実験物理の歴史』奥田毅，内田老鶴圃新社，1982年

11.『物理のあしおと』奥田毅，内田老鶴圃新社，1988年

12.『化学史　白水社科学撰書』久保昌二，白水社，1956年

13.『ファラデーとマクスウェル』後藤憲一，清水書院，1993年

14.『エーテルと電気の歴史』E.T.ホイッテッカー，霜田光一，近藤都登訳，講談社，1976年

15.『A Treatise on Electricity and Magnetism』J.C.Maxwell，Clarendon Press，1904年

索　引

な行

は行

ま行

や行

ら行

── 著 者 略 歴 ──

山下　芳樹（やました　よしき）

大阪市立大学大学院理学研究科物理学専攻博士課程修了，博士（理学）.
滋賀県立高等学校（高島，草津，膳所）教諭，弘前大学，広島大学大学院教育学研究科教授を経て，現在，立命館大学産業社会学部子ども社会専攻教授．この間，テネシー州立大学，ロンドン大学招聘研究員を務める．
現在，小学生対象にリカリッチ（6つの理科の素材で構成した「からくりゲーム」）を実施中．なお，下のリカリッチイメージイラストは，京都芸術デザイン専門学校（学生）・草野夏美さんの作品.

●主な著書

『文化として学ぶ物理科学』（共著，丸善）
『理科は理科系のための科目ですか』（森北出版）
『「物理の学び」徹底理解　力学・熱力学・波動編』，『「物理の学び」徹底理解　電磁気学・原子物理・実験と観察編』（監修・編著，ミネルヴァ書房）
『ドリルと演習シリーズ　基礎物理学』，『しっかり学べる基礎物理学』（編著，電気書院）ほか多数

すべての答えは小学校理科にある<電気・磁気編>

2018年 4月 6日　　第1版第1刷発行

著　者　山下芳樹（やました よしき）
発行者　田中久喜

発行所
株式会社　電気書院
ホームページ　www.denkishoin.co.jp
（振替口座　00190-5-18837）
〒101-0051　東京都千代田区神田神保町1-3ミヤタビル2F
電話(03)5259-9160／FAX(03)5259-9162

印刷　亜細亜印刷株式会社
Printed in Japan／ISBN978-4-485-30098-5

• 落丁・乱丁の際は，送料弊社負担にてお取り替えいたします．
• 正誤のお問合せにつきましては，書名・版刷を明記の上，編集部宛に郵送・FAX（03-5259-9162）いただくか，当社ホームページの「お問い合わせ」をご利用ください．電話での質問はお受けできません．